Emanuele Tiburzio
mit Alice Huth

Junior, der Lebensretter

Emanuele Tiburzio
mit Alice Huth

Junior, der Lebensretter

Mein Hund entdeckte meine Krebserkrankung – nur deshalb bin ich noch am Leben

mvgverlag

Bibliografische Information der Deutschen Nationalbibliothek
Die Deutsche Nationalbibliothek verzeichnet diese Publikation in der Deutschen Nationalbibliografie. Detaillierte bibliografische Daten sind im Internet über **http://d-nb.de** abrufbar.

Für Fragen und Anregungen:
info@mvg-verlag.de

Originalausgabe
1. Auflage 2016

Nymphenburger Straße 86
D-80636 München
Tel.: 089 651285-0
Fax: 089 652096

Redaktion: Antje Steinhäuser
Umschlagabbildungen: © Pervin Inan-Serttas/Foto Seven e. K.
Bilder Innenteil: privat
Umschlaggestaltung: Karen Schmidt
Satz: Daniel Förster, Belgern
Druck: GGP Media GmbH, Pößneck
Printed in Germany

ISBN Print 978-3-86882-651-7
ISBN E-Book (PDF) 978-3-86415-901-5
ISBN E-Book (EPUB, Mobi) 978-3-86415-902-2

Inhalt

Am Anfang war nicht der Krebs. Weder beginnt meine Geschichte mit ihm, der mich unvorbereitet traf und von heute auf morgen alles veränderte, noch geht sie mit ihm zu Ende.

Der Krebs fraß sich in meine Eingeweide, ein Parasit, ein Monster. Er quälte mich, verunstaltete mich, er machte mich zu einem fremden Wesen, dessen Anblick ich fürchtete. Verhangene Spiegel, Schmerz und Angst. Ein Albtraum, aus dem es kein Erwachen gab.

Der Krebs stellt auch die Liebe auf die Probe. Er trifft dich ins Herz und bringt dich um den Verstand. Er will dich aus allem lösen, was dich am Leben hält. Irgendwann flüstert er dir zwei Sätze ein, die so furchtbar sind, dass du sie nicht einmal dem Menschen sagst, den du am meisten liebst:

»Gib auf. Was hält dich noch?«

Um ein Haar hätte der Krebs mich gebrochen, er wollte mich umbringen, aber es ist ihm nicht gelungen.

Ich bin noch da.

Der Krebs wird sich nicht auf diesen Seiten breitmachen, und falls er meint, diese Geschichte gehöre ihm, will ich sie ihm entreißen, genauso, wie wir ihm mein Leben entrissen haben. Nur wird es mir diesmal eine Freude sein.

Wir, das sind Walter, der Mensch, dem seit Jahren mein Herz gehört, ich und eine fünfjährige französische Bulldogge mit schwarzen Flecken: Junior, mein Lebensretter.

Diese Geschichte widme ich ihnen beiden, einem Mann und einem Hund. Es ist eine Geschichte über Freundschaft. Darüber, dass es sich lohnt, Ja zum Leben zu sagen, auch wenn du schon das Ende kommen siehst.

Emanuele Tiburzio im März 2016

I

Wie ich auf den Hund kam

Kinderträume

Junior hat viele Talente, mittlerweile ist er eine kleine Berühmtheit, ein Star, es vergeht kaum ein Tag, an dem er nicht auf der Straße erkannt wird. Er erhält Nachrichten aus aller Welt – Fanpost, Kuscheltiere, selbst gehäkelte Kissen, Tausende Freundschaftsanfragen auf Facebook – und zugleich ist er einfach ein Bully. Na ja, er singt gerne; mein Hund mag italienische Opern, und er liebt Autofahren, das soll hier nicht verschwiegen werden, aber dazu kommen wir später. Zunächst sei vor allem gesagt, dass er ein freundliches Wesen hat. Junior ist umgänglich, verspielt und aufgeweckt.

Während ich erzähle, liegt er neben mir auf der Couch, die Ohren gespitzt, wachsam und voller Zutrauen. Als wüsste er, dass alles ein gutes Ende nehmen wird, wie jeder seiner Hundetage, die mit einer Runde in unserem Viertel im Süden der Kölner Altstadt beginnen – mit einem Wurstzipfel vom Metzger oder einem Leckerli aus der Hand der Apothekersfrau, mit geheimnisvollen Duftmarken am Straßenrand, mit der Spur einer schönen Hündin – und die mit jedem tapsigen Schritt bunter und aufregender werden.

Andere Hundebesitzer bewundern Junior für seinen ungewöhnlich massigen Schädel, den kräftigen Rumpf und die lustige Fellzeichnung. Bullys sind keine Ballerinas – bei diesen kleinen, kompakten Hunden darf's ruhig ein bisschen mehr sein –, vielleicht liegt ihr Charme gerade in der Verbindung ihrer etwas ungestümen Art, ihres lustigen Aussehens und sympathischen Wesens.

Junior ist aus meinem Leben nicht mehr wegzudenken, er ist mein Freund und Lebensretter, aber vor ihm hatte ich andere Hunde, und meine Tierliebe wurde in einer anderen Zeit, an einem anderen Ort geweckt. Walter sagt immer: »Leuten, die Hunde mögen, kannst du vertrauen. Die haben ein gutes Herz.« Meine Herzensbildung begann in einer kleinen Stadt, die wie eine Festung in den Hang gehauen ist, in Luxemburg, in einem über hundert Jahre alten Haus am Waldrand.

Bei dem Gedanken an das Haus, in dem ich als jüngstes von drei Geschwistern aufwuchs, kitzelt ein Geruch meine Nase. Feuchtigkeit und scharfe Sauberkeit; Moder und Weichspüler. Und dann denke ich an meine Mutter. Sie brachte Leben in alle Räume, und ich weiß noch, dass ich manchmal in einen der Bauernschränke im Schlafzimmer der Eltern kroch, um zwischen den frisch gebügelten Hemden und Hosen ihren Duft zu atmen. Mama. Eine zierliche Frau mit braunen Augen, die an Gott und den Teufel glaubt, an die großen Versuchungen und die kleinen Sünden und den immerwährenden Kampf gegen das Böse und die uns Kinder mit aller Kraft liebte. Sie ist Portugiesin, und an den Wochenenden sang sie im Weinkeller für Freunde und Familie Fado.

Bei Kerzenschein, zwischen Räucherschinken und Salami, eingekochter Tomatensoße und Marmeladen, schwang sich ihre Stimme in dem halbdunklen Gewölbe empor, schwebte und machte uns glücklich.

Fado wurde im achtzehnten Jahrhundert in den Kneipen der Arbeiterviertel von Lissabon geboren, es ist eine schwermütige Musik mit vielen Molltönen. Man singt es in der Dämmerung, wenn der Tag geht und die Stille der Nacht anbricht. Würdet ihr fragen: »Und, Manu, wie war ihre Stimme? Sang sie Sopran? Oder Bariton?«, müsste ich, ein Mann von über vierzig Jahren, bekennen: »Sie sang wie ein Engel! Freunde, es war eine Engelsstimme.«

Und schon sind alle beisammen: Gott und der Teufel, der Tod und das Leben, alle Englein, Walter und ein gescheckter, kräftiger kleiner Hund mit sicheren Instinkten. Womöglich wird Walter aufblicken, wenn er diese Zeilen liest, und kaum merklich den Kopf schütteln – seine Gesten haben eine Zurückhaltung, die mich anfangs verblüffte; was für ein Aufgebot, schon von der ersten Seite an. »Na, das fängt ja gut an, Manu. Drunter machst du's nicht, oder?« Möglicherweise gibt er mir aber auch einen Kuss. Und gewiss ist er brennend neugierig …

Mein Vater war Ältester der Zeugen Jehovas, ein ernster, großzügiger Mann, und unser Haus stand Glaubensbrüdern und -schwestern immer offen. Später würde ich diese Gemeinschaft gegen eine andere eintauschen, aber zunächst war ich dort geborgen.

Ich war ein lebhaftes, verträumtes Kind, ich träumte bei Tag und bei Nacht, ich sah Dämonen und Geister, und manchmal klopfte der Teufel an meine Zimmertür. Auch wenn der Versucher sich vor den Blicken der anderen verbarg – mir konnte er nichts weismachen.

Zum Glück hatte ich imaginäre Verbündete – Gaston, der mich zum Lachen brachte, wenn ich traurig war, Fury, den glänzenden Rappen, den ich mit einem Pfiff zwischen den Zähnen herbeirief, wann immer ich mich an einen anderen Ort wünschte, und nicht zuletzt den »Unglaublichen Hulk«, der schon mal einem Marvel-Comic entstieg, um mir beizustehen. Hulk hatte ein verborgenes Leben: Nachdem er hoher Strahlung ausgesetzt gewesen war, verwandelte er sich bei jedem Anflug von Wut in ein grünes Monster mit Superkräften. Er explodierte förmlich, seine Supermuskeln sprengten seine Kleider und von einem Augenblick zum nächsten wurde er ein anderer, jemand, dessen Anblick die schlimmsten Schurken in greinende Schulkinder verwandelte. Ich war beeindruckt von Hulks Kräften, aber am meisten liebte ich den Augenblick, wenn er sich nach einem Ausbruch zurückverwandelte.

Hulk wacht irgendwo auf, sieht sich verwirrt um, blickt an seinen zerrissenen Klamotten herab und bekommt es mit der Angst zu tun. »Wo bin ich?«, fragt er sich. »Und was zum Teufel ist mit mir passiert?« Ein Mensch, mutterseelenallein und ohne Erinnerung. Dann läuft er los, so schnell und so weit er kann.

Im Kampf gegen das Böse hatte ich starke Verbündete, und ich hatte einen Vater, der sich mit dunklen Geschicken auskannte. »Vor dem Versucher darfst du nicht davonlaufen. Nur wenn du feig bist, kommt er dich holen. Sieh ihm ins Angesicht.«

Also ging ich ihn suchen. Mit schlotternden Knien stahl ich mich nachts aus meinem Zimmer, auf Zehenspitzen. Ich kannte das Haus in- und auswendig und wusste, welche Diele mich mit ihrem Knarren verraten würde, wenn ich nicht aufpasste. Leise schlich ich die Treppen hinab, stieß die Tür auf und stolperte in die Dunkelheit, ohne mich umzudrehen.

Der Wald begann direkt an der Grundstücksgrenze – dort wollte ich, ein dicklicher Junge mit Löwenmut, mich meinen Ängsten stellen. Ich suchte das Böse in mondhellen Sommernächten, im Herbst, wenn der Sturm die Äste auseinanderbog, und auch im verschwiegenen Winterwald.

Ich habe gesagt, Luxemburg sei wie eine Festung in den Hang gebaut. Tatsächlich ist die Stadt buchstäblich in Stein gehauen; der Boden dort ist sehr kalkhaltig, Sandstein, wie man ihn aus Teilen der Eifel kennt.

Nur wenige Minuten von unserem Haus entfernt lag, gut versteckt im Unterholz, der Eingang zu einer kleinen Höhle. Er war so eng, dass er Erwachsenen versperrt blieb – und für mich war es der Durchgang zu einem geheimen Ort. Wer hindurchkroch, fand sich auf einer Naturterrasse wieder; ein Plateau in ungefähr fünfzehn Meter Höhe, im Schatten einer großen Kiefer, mit Blick über die Stadt. Ich taufte das Plätzchen »La Vallée des Démons«: Dämonenschlucht. Ein Name, der einem John-Sinclair-Heft Ehre gemacht hätte. Stundenlang saß ich unter meinem Lieblingsbaum und sah auf die Stadt hinab; die Schule, den Fluss, der sich funkelnd durchs Tal schlängelte, und das hohe Backsteingebäude der alten Moselbrauerei. Hier schlug ich Fantasieschlachten, ich träumte und ritzte mit einem Taschenmesser Nachrichten in die Rinde, Botschaften, die nur für mich Sinn ergaben, wie der Name eines Mädchens, das ich heimlich verehrte. Irgendwann vergrub ich eine kleine Holzkiste mit Liebesbriefen und Bildern am Fuß der Kiefer.

Als ich kürzlich meine Eltern besuchte, ging ich in den Wald und suchte die Stelle, wo ich als Junge so viel Zeit verbracht hatte. Der Eingang zu meiner Höhle war verschüttet, und ohnehin hätte ich nicht mehr hindurchgepasst. Ich gebe zu, dass ich ein bisschen traurig war und irgendwie verletzt – als hätte mir jemand, der mir wichtig war, die Freundschaft gekündigt. Inzwischen habe ich mich damit abgefunden. Das ist kein Ort für Erwachsene.

Geblieben ist mein Faible für alte Bäume. Noch immer habe ich den Impuls, ihre schönen, starken Stämme zu umarmen. Einmal habe ich sogar Walter dazu gebracht, einen Baum zu umarmen.

»Wie fühlst du dich?«, fragte ich gespannt.

»Wie ich mich fühle?«, gab er gequält zurück. »Ich habe Ameisen im Gesicht.«

Walter ist ganz anders als ich, und wenn ich ihm von meinen Fantasien erzähle, runzelt er verwirrt die Stirn. Mir ist der Junge, der ich war, noch sehr vertraut: Die Mutter brachte ihm bei, was Lieben heißt, und der Vater sagte ihm: Setz dich dem Leben aus.

Das habe ich immer getan.

Bevor ich mich entschied, in Köln zu bleiben, war ich ständig unterwegs, ich suchte das Abenteuer als Broker bei der Deutschen Bank, in der Crew eines Kreuzfahrtschiffes auf den Weltmeeren, als Musicalsänger in London und in den Hügeln von L.A., wo sich das Leben vollkommen und kalt anfühlte, wie die Marmorskulpturen auf dem Anwesen meines damaligen Freundes. Immer habe ich mich allem ausgesetzt, und oft entschied ich mich von einem Tag auf den anderen für den Aufbruch ins Ungewisse. Aber das sind Geschichten aus einer anderen Zeit, heute habe ich manchmal das Gefühl, sie gehören in ein anderes Leben, und auch die Unruhe, die mich damals antrieb, ist mir inzwischen fremd. Erst mit Walter und Junior bin ich angekommen – nicht in Rom oder Barcelona, nicht in Paris oder Madrid, sondern in Köln, ein Umstand, der meine Eltern bis heute verblüfft. Mir geht es gut hier. Aber ich will nicht vorgreifen.

Zurück nach Luxemburg.

Zu den Prüfungen, die ich damals bestand, gehörte auch das Abenteuer des Andersseins.

Ich wuchs in vielen Sprachen auf – dem Portugiesisch meiner Mutter, dem Italienisch meines Vaters, Deutsch, Französisch und »Lëtzebuergesch«, den Amtssprachen unseres Stadtstaats. Später kamen Englisch und Spanisch dazu. Dann gab es die religiöse Sprache, die Sprache des Gebets und der Kanzel, mit ihren geheimnisvollen Bildern und ihrem getragenen Tonfall.

Jede der Sprachen war eine Eintrittskarte für einen anderen Lebensraum; die Familie, die Schule oder die Gemeinde. Und überall galten eigene Gesetze. Nicht selten hatten Umgangsformen, die hier ein Muss waren, dort etwas Unpassendes, wenn nicht gar Anstößiges. Die frisch gebügelten dunklen Anzüge, die meine Mutter mir kaufte, trug ich mit Stolz, solange ich unter Brüdern und Schwestern des Glaubens war. Sobald ich aber das schmiedeeiserne Schultor aufstieß, verloren sie ihren Reiz. Zwischen Jungen und Mädchen, die in Jeans und T-Shirt über den Schulhof stürmten, machten sie mich zu einem Außenseiter. Zu jemandem, der sich auf den ersten Blick von den anderen unterschied.

Ich lernte rasch, dieses Anderssein zu überspielen. Ich fand Schlupflöcher, Geheimgänge, bald stand mir alles offen. Wie die Superhelden, deren Abenteuer mich elektrisierten, hatte ich ein verborgenes Leben, ich hatte ein zweites Gesicht, von dem die Welt, in der ich mich gerade bewegte, nichts ahnte. Es war ein Spiel, und ich war ziemlich gut darin.

Hundejahre

Ein Leben lässt sich anhand von Prüfungen, von Umzügen oder runden Geburtstagen erzählen. Von Liebesbeziehungen, Scheidungen oder Jobwechsel. Ich will mich an den Hunden orientieren, die mir zur Seite standen.

Wenn ich Jacky, Joyko, Barneby und Monti hier einen Platz einräume neben Junior, der bestimmt eifersüchtig wäre, wenn er lesen könnte, erscheint es mir nur recht und billig. Jedes dieser Tiere vertraute mir so bedingungslos, war mir so treu, wie es nur echte Freunde sind.

Ich weiß nicht, ob Jacky oder Monti wie Junior die Veränderung meines Körpergeruchs bemerkt hätten, die der Krebs bewirkte, aber möglich ist es. Es ist eine Frage des Instinktes, der Biologie. Und eine Frage der Verbindung zwischen Mensch und Tier.

Schon als kleiner Junge habe ich Tiere geliebt. Mit Vierbeinern verstand ich mich blind; ich mochte die Tiere auf den Bauernhöfen, die Rehe, Hasen und Füchse aus dem Wald und auch die Streuner von der Straße. Fiel ein Vogeljunges aus dem Nest, trug ich es in der hohlen Hand nach Hause und pflegte es gesund. Heimlich fütterte ich wilde Katzen an, und wenn ich kranke oder angeschossene Tauben fand, brachte ich sie in einem Schuhkarton zum Tierarzt.

Nichts wünschte ich mir sehnlicher, als einen Hund zu haben. Leider war ich in meiner Familie mit meiner Tierliebe allein. Im Süden, wo meine Eltern geboren sind, hält man Nutztiere. Es gibt das Vieh und die Hunde, die das Haus bewachen. Du respektierst sie, aber du liebst sie nicht – sie sind nicht Teil des Hauses, Teil der Familie, wie wir es kennen. Ich hatte also schlechte Karten – was die Unbedingtheit, mit der ich mein Ziel verfolgte, kein bisschen schmälerte.

In einem besonders heißen Sommer ergab sich plötzlich die ersehnte Chance.

Wie jedes Jahr verbrachten wir die Ferien in den Abruzzen, wo meine Eltern ein Haus haben. Es lag auf dem flachen Land, umgeben von Höfen und Feldern. Abends holten wir frische Milch, und die Bauern schenkten uns, was ihr Land zu bieten hatte: Käse, Tomaten, Olivenöl. Für mich mischte sich das Aroma des Südens mit Stallgeruch – wann immer ich Zeit hatte, lief ich zu den Ställen und Zwingern, streichelte Kälbchen, die mir mit rauer Zunge die Hand abschleckten, spielte mit den Kätzchen oder sprach mit Zwingerhunden, die mich durch die Gitterstäbe neugierig ansahen.

Am Abend vor unserer Abreise begleitete ich den Bauern des Nachbarhofes – einen kleinen, sonnengebräunten Mann mit lustigen Augen, der stets Stroh an der Hose hatte – in den Stall, um dort die Kälbchen zu streicheln. Am Rand eines großen Heuhaufens entdeckte ich eine Hundemutter mit ihren Welpen. Es waren fünf Stück. Kleine, schwarz-weiße Körper, Minischnäuzchen, geschlossene Augen. Sie waren noch blind und hilflos, erst vor drei, vier Tagen auf die Welt gekommen, und schon sollten sie sich wieder von ihr verabschieden.

Der Bauer beugte sich zu mir herunter, während ich die Welpen streichelte. »Tja, morgen stecke ich sie in einen Sack, und dann knalle ich ihn gegen die Wand.« Als er das Entsetzen in meinen Augen sah, zuckte er mit den Schultern. »Glaub nicht, mir macht das Spaß, Junge. Aber wir können sie nicht durchfüttern. Wir haben genug Mäuler zu stopfen.« Was für mich undenkbar war, gehörte für ihn zum Alltag, wie die Heuernte oder das Stroh dreschen. Die Welpen würden nicht leiden, ihr Tod wäre schnell und schmerzlos, sagte er.

Noch während er redete, nahm ein Plan in meinem Kopf Gestalt an. Ich würde eines dieser kleinen Wesen retten. Ein Leben bewahren. Endlich einen Hund haben.

Nachts schlich ich auf Zehenspitzen aus dem Zimmer, das ich mir mit meiner großen Schwester Martha teilte, lief die fünfhundert Meter zum Nachbarhof und drückte vorsichtig die Stalltür auf. Sekunden später fiel der Lichtkegel meiner Taschenlampe auf ein Knäuel, aus dem kleine Hundeschnauzen, Beine und Schwänzchen hervorlugten. Beherzt griff ich nach dem Welpen, der mir schon am Abend aufgefallen war. Ich verbarg ihn rasch in meinem Anorak und sprintete zurück ins Haus.

Wenige Stunden später war das Auto beladen, und jeder saß an seinem Platz: mein Vater und meine Mutter auf den Vordersitzen, mein Bruder Nathan, der Älteste von uns Geschwistern, Martha und ich auf der Rückbank. Außer meiner Schwester wusste niemand, dass wir einen blinden Passagier an Bord hatten, handtellergroß und weiß, mit schwarzen Ohren. Die Sommerferien waren vorbei, und kaum hatten wir die Autobahn erreicht, kam der Verkehr zum Stehen. Nun hieß es geduldig sein. Nichts tat sich, und irgendwann, bei Hitze und Stillstand, flog mein Geheimnis auf. Ich weiß nicht, ob mein Vater oder meine Mutter die Bewegung unter meinem Pulli im Rückspiegel wahrnahm, aber ich erinnere mich, dass mein kleines Versteckspiel nicht ohne Folgen blieb.

Sofort war Papa auf hundertachtzig.

»Keiner von uns hat Zeit für einen Hund, keiner kennt sich mit Tieren aus, wie konntest du nur so eigenmächtig, unverantwortlich …« et cetera pp. Mein Vater klang so wütend, dass ich fürchtete, er würde dem Wagen vor uns hinten auffahren. Während er auf mich einredete, musterte meine Mutter das kleine Leben in meinem Arm. Dieses Tier sah nicht aus, als würde es auch nur fünf Minuten länger in einem überhitzten Wagen überleben. Sie entschied, dass sein Leben an einem seidenen Faden hing und dass es sich lohnte, darum zu kämpfen.

»Das Tier braucht Wasser«, sagte sie entschieden. »Wasser. Und Milch.« Damit war die Diskussion beendet. Mein Vater schwieg und konzentrierte sich aufs Fahren. Wir hatten Familienzuwachs und basta. Während der nächsten vier Stunden waren wir damit beschäftigt, dem Welpen aus einem Ministrohhalm Milch einzuflößen. In Anbetracht der besonderen Umstände, die seine Aufnahme in die Familie begleiteten, schlug Martha vor, ihm den Namen *bouchon* (französisch für »Stau«) zu geben. Aus *bouchon* wurde *tappo*, das italienische Pendant, und irgendwann hörte unser kleiner Freund auf den Namen *Jacky*.

Jacky war vom Glück begünstigt. Er war dem Tod in der Scheune entkommen, er überlebte die Fahrt und auch die nächsten Wochen, Monate und Jahre.

Noch heute sprechen meine Mutter und ich gern über die erste Zeit mit ihm. Jacky wuchs zu einem wunderschönen kniehohen Setter mit seidigem Fell heran. Wenn jeder meiner Hunde eigen war, wenn jeden etwas anderes auszeichnete, dann war es in Jackys Fall Eitelkeit. Er liebte es, gebürstet zu werden, gestreichelt und gekost. Ich sehe ihn noch in der Sonne im Garten liegen, eine sanfte Brise streicht durch sein helles Fell, er hat die Pfötchen übereinandergeschlagen und schaut zufrieden zu uns herüber. Jacky badete in unserer Aufmerksamkeit wie eine kleine Diva. Dass sein Leben in einem Heuhaufen im Kuhstall begonnen hatte, war bald nur noch schwer vorstellbar.

Jacky war der erste Hund in meinem Leben – und für mich nahm die Geschichte mit ihm kein gutes Ende. Ein paar Jahre nachdem wir ihn bei uns aufgenommen hatten, unternahmen meine Eltern mit Martha und mir eine Kreuzfahrt. Mein Bruder Nathan blieb mit Jacky zu Hause. Als wir nach zwei Wochen zurückkamen, begrüßte uns Jacky nicht wie üblich an der Haustür. Ich trat an meinem Bruder vorbei, lief durch das leere Haus und rief mit wachsender Unruhe nach meinem Hund. Alles blieb still.

Wenig später gestand Nathan mit hochrotem Kopf, was passiert war: Ihn hatte die Verantwortung genervt, er litt unter einer Hundeallergie, und er behauptete, der Geruch des Hundefutters habe ihm Übelkeit bereitet. Dann war ihm ein verhängnisvoller Einfall gekommen. Er würde Jacky einfach vorübergehend – nur für die Zeit unserer Abwesenheit – in ein Tierheim bringen. Der Hund wäre versorgt, und er hätte seine Ruhe. Ich erinnere mich noch gut an seine Verlegenheit und an meine Wut – stumm vor Zorn stand ich vor meinem großen Bruder, die Hände in der Hose zu Fäusten geballt, und hasste ihn aus ganzem Herzen.

Natürlich fuhren wir sofort ins Tierheim. Wir wollten den Irrtum aufklären und Jacky nach Hause holen. Die Dame, die uns empfing, schüttelte verständnislos den Kopf.

»Hören Sie, Ihr Hund hat schon nach wenigen Tagen ein neues Zuhause gefunden. Kein Wunder, so ein hübsches, freundliches Tier.« Sie erklärte uns, dass seine neue Familie ihn nicht mehr hergeben würde – schon gar nicht an Leute, die so herzlos waren, einen Hund einfach in ein Tierheim abzuschieben, nur weil sie ein paar Wochen Ferien genießen wollten.

Mir brach dieser unsinnige Abschied das Herz. Monatelang konnte ich meinem großen Bruder nicht ins Gesicht sehen. Wahrscheinlich hätte ich ihn ohne Zögern ins Heim geschickt, zum Tausch gegen Jacky. Damals begriff ich, wie schmerzhaft es ist, sich von einem Tier zu trennen. Bis heute habe ich es nicht gelernt. Vielleicht gibt es dafür einfach kein Rezept. Ich weiß nur, dass das Glück, ein Tier zu haben, den Schmerz bei Weitem überwiegt.

Wolfsjunge

Jacky war fort und ich wuchs zu einem breitschultrigen Teenager heran. Plötzlich interessierte ich mich für anderes. Die Geheimnisse der Erwachsenen. Ich brannte vor Neugier auf das Leben. Verliebt war ich nicht. Verliebtsein bleibt bei den Zeugen Jehovas lange eine ziemlich abstrakte Angelegenheit. Scheue Blicke im Versammlungsraum, Briefe und Gedichte, bei Kerzenschein verfasst. Das hat etwas Romantisches und zugleich etwas Weltfernes, Entrücktes. Sex vor der Ehe gibt es nicht. Wenn du dich verlobst, bist du gewissermaßen noch ein Kind, du warst noch nie mit einer Frau zusammen, und die Lust ist dir so fremd wie ein unbekannter Kontinent. Du weißt, dass da etwas ist, aber du fürchtest dich auch vor der Entdeckung.

Natürlich hatte ich keinen Schimmer davon, dass es Männer gab, die Männer liebten, und Frauen, die mit ihren Freundinnen zusammenlebten. Da war nur dieses Drängen in der Brust, das ich nicht deuten konnte. Vielleicht ahnte ich bereits, dass draußen etwas auf mich wartete – weit draußen, jenseits der Mauern, die die Gemeinde errichtete.

In dieser ungewissen Zeit freundete ich mich wieder mit einem Tier an – und zwar mit einem Wolf. Kaum habe ich Wolf gesagt, höre ich förmlich, wie Walter sich räuspert. Wie so oft ist er die Stimme der Vernunft, und wie so oft muss ich ihm recht geben. Gut, Joyko war kein Wolf; er war ein Husky, aber er sah aus wie ein Wolf, und er verlor nie das Ungezähmte, Wilde, das mich so faszinierte.

Joykos Geschichte ist untrennbar mit der Geschichte eines Jungen verknüpft, mit dem ich damals befreundet war. Er hieß Orazio und lebte mit seiner Familie in unserer Nachbarschaft. Eva, seine Mutter, war eine fromme Frau. Sie war alleinerziehend und bat meinen Vater oft um Rat in Lebens- und Glaubensfragen. In ihrem Haus fühlte ich mich wohl. Ich mochte diese Familie, in der es keinen Vater gab, aber eine schneeweiße Huskyhündin und einen riesigen wilden Garten. Als Teenager zogen Orazio und ich zusammen um die Häuser. Er war ein hübscher, kräftiger Junge, der jeden Wettkampf gewann, den wir auf der Straße austrugen. Als seine Hündin einen Wurf Welpen hatte, lief er quer über die Straße und klingelte bei uns. »Mira hat Junge, Manu!«, rief er aufgebracht. »Die musst du dir ansehen!« Natürlich war ich Feuer und Flamme.

Keine Ahnung, wie ich Papa dazu brachte, Joyko bei uns aufzunehmen. Wichtig ist ohnehin nur, *dass* es mir gelang.

Mein Wolfshund und ich wurden unzertrennlich. Anders als Jacky blieb Joyko nie länger als nötig bei uns im Haus.

Drinnen war es meinem grauen Riesen zu eng. Seine Welt war draußen, in der Kälte, im Freien, und nur wenn Vollmond war, machte er sich bemerkbar. Dann fing er markerschütternd an zu heulen. Ich erinnere mich, dass mein Vater irgendwann den Verdacht äußerte, dieser Hund habe etwas Diabolisches. Sicher ist, dass er einen Heidenrespekt vor Joyko hatte – und dass mir das gar nicht so schlecht gefiel. Welcher Halbwüchsige hätte nicht gerne einen Wolf an seiner Seite, ein stolzes Tier mit hellen blauen Augen, das auf niemand anderen hört. Joyko zu erziehen war eine Herausforderung. Mit ihm spürte ich ganz deutlich, was ich vorher schon geahnt hatte: Ich hatte eine besondere Verbindung zu Hunden. Eine Art Einverständnis, etwas, das weit über das tägliche Füttern und Gassigehen hinausging. Joyko wurde mein ständiger Begleiter, ich liebte es, ihm zuzusehen, und die Geschmeidigkeit seiner Bewegungen, die Sicherheit seiner Instinkte verloren mit den Monaten und Jahren nicht im Mindesten an Reiz.

Im Winter war er wie ein Wesen aus Schnee und Eis, und im Sommer, wenn ihm in dichten Büscheln das Fell ausfiel, sah er aus, als hätte er mit einem Bären gekämpft. Joyko war mein Beschützer, mein Kompagnon, und an seiner Seite fühlte ich mich unverwundbar. Stundenlang streiften Orazio und ich mit den Hunden durch den Wald, und stets blieb Joyko in Blickweite. Wenn im Unterholz ein Reh aufsprang, reichte ein leises Wort, um ihn zurückzuhalten.

Er war es auch, der meine imaginären Freunde ablöste; wozu brauchte ich Hulk oder Fury, wenn mein Wolfshund in der Nähe war.

Joyko und ich wurden gemeinsam erwachsen. Tagsüber waren wir zusammen unterwegs, und nachts, wenn er mit gespitzten Ohren draußen lag und ins Dunkel lauschte, zog ich die Turnschuhe unter meinem Bett hervor, schlüpfte hinein und sprang aus dem Fenster im ersten Stock. Im Licht der Straßenlaterne warteten Orazio und ein, zwei andere Jungen. Ich öffnete die Wagentür des alten Chevys, der immer in der Garage stand, und löste die Handbremse. Dann schoben wir den Wagen gemeinsam auf die Straße. Wir bildeten uns ein, das Geräusch des anspringenden Motors könnte uns verraten. Zum Glück hatten meine Eltern einen gesegneten Schlaf. Entweder haben sie nie etwas von meinen nächtlichen Spritztouren mitbekommen, oder sie haben entschieden, darüber hinwegzusehen. Bis fünf Uhr früh hingen wir an irgendeinem Tresen in einer schummrigen Bar in der Altstadt, und um sieben Uhr begrüßte ich meine Eltern im Pyjama am Frühstückstisch.

Wie Joyko wollte ich hinaus, ins Freie. Auch mir wurde es bereits zu eng in unserem schönen alten Haus. In der Gemeinschaft der Gläubigen. In dem Leben, wie ich es kannte.

Abschiedsschmerz

Damals dachte ich, ich würde immer mit Joyko zusammenbleiben. Das war ein Irrtum. Mein Wolfshund blieb, und ich zog fort.

Ich war noch nicht mal neunzehn Jahre alt, als ich mich verlobte. Nuria war ein hübsches Mädchen und stammte aus einer frommen Familie. Wir waren sehr verliebt – oder wir glaubten, es zu sein – und unsere Eltern unterstützten die Verbindung. Als ich um ihre Hand anhielt, hatten wir verstohlen Händchen gehalten und zwei, drei Küsse in einer menschenleeren Gasse getauscht, in der Abenddämmerung.

Das Aufgebot war bestellt, die Ringe ausgesucht, als sich mit Macht etwas in mir veränderte. Eines Morgens wachte ich auf und wusste, dass es so nicht ging. Schon immer war ich eigene Wege gegangen, und jetzt wurde mir klar, dass ich nicht in dem Korsett leben konnte, das die Zeugen Jehovas vorschreiben, sosehr ich es auch versuchte.

»Lass uns erst zusammenziehen«, bat ich Nuria, »und dann heiraten.«

Sie sah mich ernst an. »Du weißt, dass wir damit gegen das Gesetz verstoßen?«, fragte sie.

»Ja«, ich nickte. »Lass uns allein entscheiden, wie wir leben wollen. Es ist unser Leben, nicht das der Ältesten. Nicht das unserer Brüder und Schwestern.«

Nuria überlegte nicht lange. »Wenn du das willst, bin ich einverstanden«, sagte sie.

Damals wussten wir, was wir taten. Wir wussten, dass dieser Verstoß mit dem Ausschluss aus der Gemeinde geahndet würde. Was wir nicht wussten, war, wie es sich anfühlt, wenn du plötzlich aus allem herausfällst, was du kennst. Wir wussten nicht, wie einsam dich eine erwachsene Entscheidung machen kann.

In dem Moment, als wir die Kisten und Koffer mit unseren Kindersachen aus den Häusern unserer Eltern trugen, wurden wir für die anderen Gemeindemitglieder unsichtbar. Als trügen wir eine Tarnkappe. Wenn wir auf dem Gehweg Brüdern und Schwestern des Glaubens begegneten, sahen sie an uns vorbei oder wechselten die Straßenseite. Manchmal sah ich eine Träne in den Augen eines Bekannten, bevor er das Gesicht abwandte. Wir hatten Gesetze gebrochen, die unser Zusammenleben regelten, und nun hieß es, die Konsequenzen tragen.

Nach ein paar Monaten lösten Nuria und ich unser Verlöbnis im gegenseitigen Einverständnis.

Wir hatten unseren Traum nicht in den Alltag hinüberretten können. Wie Kinder hatten wir gespielt, ein Paar zu sein. Zwei Kinder, die die Hände nacheinander ausstreckten.

Erst nach der Trennung von Nuria begriff ich, dass ich anders war. Dass ich mich für Männer interessierte. Dass ich nicht heiraten würde, keine Familie haben, keine Kinder und dass mein Weg endgültig aus dem Schutz der Gemeinschaft hinausführte.

Darüber gäbe es viel zu sagen, aber hier ist nicht der Ort dafür. Gesagt sei nur, dass ich weiterhin im Glauben lebte, auch wenn ich ihm einen anderen Namen gab. Und dass meine Eltern meine Eltern blieben, dass sie immer für mich da waren, auch wenn mich ausgerechnet die Liebe – zu anderen Männern – endgültig aus der Gemeinschaft ausschloss.

Für mich war es an der Zeit, Luxemburg zu verlassen. Ich entschied, in Brüssel BWL zu studieren. Dieser Neuanfang war nicht nur mit dem Abschied von meiner Heimatstadt verbunden, ich ließ auch Joyko zurück.

Bevor ich fortzog, nahm Orazio Joyko wieder bei sich auf. Mein Schulfreund stand in dieser Zeit zu mir. Seine Mutter war eine Neubekehrte, und er liebäugelte zwar mit der Religion, misstraute aber ihren Gesetzen. Wir waren Freunde, und er sah nicht ein, dass etwas so Privates wie mein Liebesleben öffentlich verhandelt wurde. Orazio zögerte keinen Augenblick, Joyko wieder aufzunehmen. Dort waren die Geschwister und die Mutter meines Wolfshundes. Zudem der Wald und die Felder, die wir zusammen erkundet hatten. Joyko würde es dort besser haben als in einer engen Studentenbude.

Ein Teil von mir blieb bei meinem Husky in der Straße, in der ich aufgewachsen war, und ich nahm etwas von ihm mit in mein neues Leben: Mut und Kraft.

In den ersten Jahren besuchte ich Orazio regelmäßig, und wir machten lange Spaziergänge mit Joyko und seinen Geschwistern. Während ich die Freiheiten des Studiums genoss, fand mein Schulfreund bei einer der Versammlungen sein Glück: Anna, eine geschiedene Frau mit zwei Kindern, die etwas älter war als er.

Wir waren mit den Hunden im Wald, als er mir von ihr erzählte. Es roch nach feuchtem Laub, die Luft war frisch, und die Hunde jagten im Rudel durch das Unterholz.

»Hör zu, Manu«, erklärte er, »ich weiß genau, was ich tue. Ich will für diese Frau und ihre Kinder da sein. Noch nie habe ich etwas so sehr gewollt.«

Damals verstand ich nicht viel von der Liebe, aber ich hatte ein gutes Ohr. Orazio klang aufrichtig. Mit Anna war es ihm ernst. Die Aussicht, Verantwortung für eine Familie zu übernehmen, schreckte ihn nicht, im Gegenteil, sie machte ihn stolz und froh: Er schien daran zu wachsen.

Ein paar Monate nach der Hochzeit bekam Orazio Kopfschmerzen. Die Ärzte diagnostizierten einen bösartigen Gehirntumor. Krebs. Mein Freund war jung, und die Krankheit schritt schnell voran. Wenn ich die Familie mit ihren Hunden besuchte, sah ich, wie er sich veränderte. Das dichte Haar fiel ihm in Strähnen aus, und seine Haut wurde durchscheinend wie Pergamentpapier.

Diesen Anblick ertrug ich nicht.

Irgendwann hörte ich auf, Orazio zu besuchen, und ich rief nicht mehr an, um mich nach Joyko zu erkundigen.

Dass der Tod eine Bresche mitten ins Leben schlagen kann, war neu für mich, und ich wollte, ich konnte einfach nicht dabei zusehen. Ich wollte leben. Ich war zu jung für den Tod.

Heute weiß ich, was mein Schulfreund damals durchmachte. Wenn ich daran denke, treibt es mir Tränen in die Augen. Mein Freund starb mit nicht mal dreißig Jahren, im Beisein seiner Frau und der Kinder, für die er sorgen wollte.

Nach seinem Tod habe ich nicht mehr nach Joyko gefragt, und ich weiß nicht, was aus meinem Wolfshund geworden ist. Der Abschied von ihm ist mit dem Tod eines Menschen verbunden, der mir nahestand. Ich habe gesagt, ich würde meine Geschichte anhand der Hunde erzählen, die mich auf meinem Weg begleitet haben. Jetzt begreife ich erst richtig, dass die Erinnerung an Joyko, Monti oder Barneby unweigerlich an Menschen geknüpft ist, die ich geliebt habe und die ich nicht vergessen kann. Im Grunde ist das nicht verwunderlich. Meine Geschichte handelt ja von der Liebe, vom Glück und von dem Schmerz, der mitunter mit der Liebe einhergeht.

Es begann eine Zeit der Umbrüche. Aus der Erinnerung ragen bestimmte Ereignisse heraus wie Felsen aus der Brandung, anderes verliert sich, verschwimmt.

Ich lebte damals anders. Als ich jung war, hatte ich ein anderes Tempo, eine andere innere Zeit. Damals war ich wie getrieben. Manche Veränderungen wollte ich, andere wurden mir vom Leben aufgezwungen. Aber ich war stets bereit, von heute auf morgen etwas Neues zu beginnen.

Prophezeiungen

Ich weiß nicht, ob das, was jetzt kommt, hierhergehört. Walter meint, was ich in meinen Zwanzigern und Dreißigern erlebt habe, sei so ungewöhnlich, dass ich es nicht verschweigen sollte. In dieser Zeit hatte ich keinen Hund. Ich war jung, gut aussehend und erfolgreich. Ich dachte, ich würde ewig leben und immer Spaß haben. Nach meinem BWL-Studium hatte ich einen Job im Equity-Sales-Bereich der Deutschen Bank in Frankfurt ergattert. Ich erinnere mich, dass ich bei offiziellen Terminen mit einer Alibi-Freundin zu erscheinen hatte. Wieder hatte ich ein verborgenes Leben.

Ich verdiente extrem viel Geld und ich war immer wach. Schlaf war damals nicht mein Thema. Monatelang arbeitete ich nachts, von 23 Uhr abends bis 11 Uhr vormittags, und ging tagsüber ins Tanztraining. Am Wochenende flog ich als Go-go-Tänzer nach Ibiza oder Barcelona, zu Partys mit mehreren Tausend Leuten. Ich kannte DJs und Tänzer aus aller Welt, ich hatte meine *Mooves*, und ich liebte es, mich im Spotlight auf einem Podest zu bewegen. Ich spielte mit der Musik, die Blicke der Discobesucher prickelten auf meiner Haut, und das Leben fühlte sich gut an. Bewundert zu werden kann sehr schön sein. Mir hat es schon immer gefallen.

Meine Mutter erzählt heute noch, wie ich als Zwölfjähriger auf einem Kongress mit über tausend Gläubigen vorn am Mikrofon stand und betete.

Wenn ich daran denke, ist sofort wieder dieser Kitzel da: Vor mir wogt eine riesige Menschenmenge. Die Worte kommen ganz leicht über meine Lippen, ohne Nachdenken, sie fließen nur so, und ich lasse mich von meinem eigenen Singsang tragen. Eine Glaubensschwester in der ersten Reihe nickt mir zu, eine andere schnäuzt sich geräuschvoll in ihr Taschenbuch – sie weint vor Rührung –, und ich weiß, dass ich alles richtig mache.

Natürlich sind Schwulenpartys und religiöse Zusammenkünfte etwas Grundverschiedenes – was ich sagen will, ist, dass ich schon immer diese Bühnenlust verspürt habe, seit ich denken kann.

Meine Kollegen in der Bank waren mir ähnlich; gut drauf, gierig und erfolgsverwöhnt. Junge Leute zwischen Mitte zwanzig und Mitte dreißig, die arbeiteten, wie sie lebten: ganz im Augenblick. Das Geldverdienen war ein Spiel, und wir waren die Gewinner. Alles fiel uns leicht.

Wenn unser Arbeitstag um 7 Uhr 30 begann, saßen wir ab 6 Uhr an unseren Schreibtischen und machten private Geschäfte. Wir holten Tipps bei den Analysten ein, die einen Stock tiefer saßen, und handelten. Im ehrwürdigen Gebäude der Deutschen Bank ging es zu wie in einem Basar:

»Was meinst du, Apple oder Daimler?«

»Kauf Apple, halte Sony – und um Himmels willen, verkauf Daimler!«

»Alles klar. Danke, ich geb dir ein Bier aus, Schatzi.«

Je nachdem, was in der Welt geschah, stiegen oder fielen die Kurse. Alles drehte sich um uns, ein Ereignis irgendwo auf der Welt konnte uns in Sekundenschnelle die Taschen füllen – wenn wir nur gut aufpassten.

War das Tagesziel erreicht, verglichen wir unsere Gewinne: Wer hatte am meisten verdient in kürzester Zeit? Der Blick auf die Aktienkurse im Fünfminutentakt war längst ein Automatismus; wir lebten für das Geldgeschäft.

Ich hatte meine Tagesziele, und ich hatte etwas wie ein Lebensziel. Ich wollte noch zehn Jahre Gas geben und mich dann zur Ruhe setzen. Mit nicht mal vierzig Jahren würde ich mit allem aufhören, was auch nur entfernt an Arbeit erinnerte – und von den Tantiemen leben, die mein Geld und meine Immobilien abwarfen. Was sind schon fünfzehn Stunden Arbeit täglich, wenn die Rente mit vierzig winkt?

Im Herbst 2001 war ich bereits drei Jahre dabei.

Am elften September saß ich an meinem Schreibtisch in dem riesigen runden Raum, aus dem bis heute die Börsennachrichten der ARD übertragen werden, und sprach über Headset mit einer Kollegin bei der Deutschen Bank London. Im lockeren Plauderton handelten wir einen Wertpapierdeal im Wert von sechzig Millionen Euro aus. Viele Kollegen mochten meine Art, sie mochten sogar den Akzent, der für sie französisch klang und mir etwas Unverwechselbares gab, wie ein Markenzeichen. Ich war sozusagen der Kasper unter den Bankern, everybody's darling.

Wie immer wurde auf einer wandhohen Leinwand über unseren Köpfen der Nachrichtensender CNN übertragen. Wir alberten am Telefon herum, als es plötzlich laut in der Leitung wurde. Meine Londoner Kollegin schrie auf, dann wurde die Verbindung unterbrochen. Verwirrt blickte ich auf die Live-Übertragung. Ich sah die stählern glänzenden Twin Towers in Manhattan, ein bekanntes Bild, aber etwas daran war falsch. In dem rechten der beiden Türme klaffte ein monströser Riss. Rauch stieg auf und verdunkelte den Himmel. Im ersten Augenblick glaubte ich an einen PR-Gag oder eine Fehlschaltung; offenbar sahen wir den Trailer eines neuen Blockbusters, ein Science-Fiction aus Hollywoods Traumfabrik. Als ich in die Gesichter meiner Kollegen blickte, begriff ich, dass ich mich irrte. Das Stimmengewirr war verstummt, die Telefone schwiegen, niemand sprach, niemand tippte. Diese Stille war gespenstisch. Gebannt starrten wir auf die Leinwand. Vor uns ging das Leben, wie wir es kannten, in Rauch auf. Die Anschläge hatten etwas Apokalyptisches. Ich dachte an die düsteren Prophezeiungen, die ich aus der Bibel kannte. Etwas Böses war in unsere Welt eingebrochen, und die Naivität, mit der wir unsere Geschäfte betrieben hatten, war ein für alle Mal verloren.

Wie meine Kollegen blieb ich bis vier oder fünf Uhr nachmittags in der Bank, obwohl es nichts für uns zu tun gab. Keiner von uns wollte nach Hause, keiner wollte alleine sein. Binnen eines halben Tages hatten wir Beträge im sechsstelligen Bereich verloren.

Als ich endlich durch die Freßgass in Richtung meiner Wohnung ging, kannte ich mich nicht mehr aus in meiner Stadt. Die Straßen waren beinahe menschenleer. Ab und an begegnete ich Kollegen der anderen Bankfilialen, der Europäischen Zentralbank, der Commerzbank und der internationalen Häuser. Banker in Maßanzügen, mit Ledertasche unterm Arm, die auf der Straße weinten.

Das Bankenviertel hatte sein Gesicht verloren, wir alle hatten unser Gesicht verloren.

Von einem Tag auf den nächsten waren wir von der Überholspur abgekommen und in eine Sackgasse geraten. Mit Nine-Eleven war alles, was wir besaßen, wertloses Papier geworden, und es war nur eine Frage der Zeit, bis wir unsere Jobs los wären.

In den Wochen danach ging es reihum, und jeder fragte sich, wer der Nächste war. Wer als Nächster einen blauen

Briefumschlag auf seinem Schreibtisch finden würde. Normales Arbeiten fand nicht mehr statt. Ich erinnere mich, dass ein Pfarrer zu uns in die Bank kam. Er predigte, und wir hielten eine Gedenkminute für unsere Kollegen in New York ab, die Opfer der Anschläge geworden waren. Über zwanzig Namen wurden verlesen. Diese Frauen und Männer waren wie wir gewesen, sie hatten wie wir gelebt, gearbeitet und geträumt, und jetzt waren sie tot. Die Deutsche Bank war ein Ort der Trauer geworden.

Ich wurde am 25. November entlassen. Als ich mit dem Entlassungsbrief aus dem Bankgebäude trat, ahnte ich, dass ich nicht länger in der Stadt bleiben konnte. Hier hatte ich nichts mehr zu suchen, es war einfach zu schmerzlich. Das Abenteuer Frankfurt war zu Ende.

Nicht mal zehn Tage später saß ich in einem Flieger nach Genua. Ein Freund von mir, der als Kellner jobbte, hatte einen Kreuzfahrtdirektor bedient. Der Mann suchte noch Leute für seine Crew, und mein Freund hatte sofort an mich gedacht.

»Was meinst du«, fragte er. »Wär das nicht was für dich? Ein paar Monate auf See, schöne Männer, Cocktails und Sonnenuntergänge, das ganze Programm?«

»Keine Ahnung«, seufzte ich.

»Ruf ihn an, Manu!« Mein Freund klang bestimmt. Offenbar hielt er es wirklich für eine gute Idee. »Komm schon. Das bringt dich auf andere Gedanken.«

Mangels Alternativen stellte ich mich vor – und bekam noch am selben Abend die Zusage.

Ohne mich bei meinen Freunden und früheren Kollegen zu verabschieden, verließ ich Frankfurt und flog für eine einmonatige Schulung nach Genua. Ich konnte es nicht ertragen zurückzublicken. Heute glaube ich, damals war ich depressiv. Die ganze westliche Welt war depressiv, es war also überhaupt nicht ungewöhnlich. Ich saß im Flieger nach Genua und blickte aus dem Fenster auf ein Meer aus Wolken, aber einen Teil von mir hatte ich zurückgelassen. Ein Teil von mir saß noch immer im großen Saal der Deutschen Bank und sah zu, wie etwas, das ich für selbstverständlich gehalten hatte, in sich zusammenbrach.

Seeabenteuer

Ich ahnte nicht, dass mir auch in den nächsten Monaten keine Sekunde zum Nachdenken bleiben würde.

Ein Kreuzfahrtschiff ist eine Welt für sich, ein Stadtstaat, wenn man so will. Ich habe auf drei Schiffen angeheuert, und jedes Mal brauchte ich rund acht Wochen, bis ich mich an Bord zurechtfand. Hundertfünfzig Meter Länge, zwölf bis sechzehn Decks, enge Gänge, schmale Wendeltreppen. Über tausend Passagiere und beinahe ebenso viele Crewmitglieder. An Bord herrscht eine Zweiklassengesellschaft. Neben dem Kapitän und den Offizieren, den Entertainern, Kellnern und Köchen gibt es die »Unsichtbaren«: die Maschinisten, Putzleute und Wäschefrauen, die den Passagieren während einer Reise nicht ein einziges Mal begegnen. Sie leben in der sogenannten Crew-Area, einem streng abgeteilten Bereich im Schiffsbauch, den ich »Katakomben« nannte.

Als »Host« war ich ein Springer: Ich bewegte mich in allen Bereichen. Manchmal war ich für bis zu dreihundert deutsche Passagiere zuständig. Ich beantwortete ihre Fragen, begleitete sie bei Landgängen, wenn das Schiff in einem Hafen vor Anker lag, aß, spielte und tanzte mit ihnen – und vor allem brachte ich sie zum Lachen. Bald galt ich als Schiffsclown, unsere Gäste liebten meinen Akzent, ich scherzte auf Französisch, Italienisch, Englisch und Deutsch mit jedem nach seiner Fasson. Gewissermaßen holte ich jeden Gast zu Hause ab.

Ich selbst hatte den Boden unter den Füßen schon verloren, bevor ich das Festland verließ. An Bord wurde ich zu dem, den die Leute in mir sehen wollten: Ich war so gut aussehend, witzig und weltgewandt, wie die Damen es sich erträumten, Teil jener Sehnsüchte, die vor allem auf Reisen blühen. Nie habe ich so viele Liebesbriefe bekommen wie damals auf offener See. Verliebte Blicke, offene und heimliche Angebote … besonders erstaunte mich die Haltung der mitreisenden Ehemänner: Es schien sie nicht weiter zu stören, dass ihre besseren Hälften einen kleinen italienischen Macho anhimmelten. Im Urlaub galten offenbar andere Gesetze als unter dem Jahr. Ein Ausnahmezustand im stillschweigenden Einvernehmen.

Wie in der Zeit bei der Deutschen Bank wurde von mir erwartet, dass ich mir eine Alibi-Freundin zulegte. Ein schwuler Animateur kam in den Träumen der Damenwelt einfach nicht vor. Mir bereitete es keine Schwierigkeiten, ab und an die Hand meiner Lieblingskollegin zu nehmen oder ihr ein Küsschen auf die Wange zu drücken. Den Damen gefiel es, und ich war Versteckspielen gewohnt.

Anders war es mit der Müdigkeit. Für uns Crewmitglieder wurde sie zu einem ständigen Begleiter. Mit der Zeit lernten wir, sie zu verbergen, und nach ein paar Wochen auf See konnten wir alle buchstäblich im Stehen schlafen.

Der Rhythmus an Bord ist überhaupt ganz anders als am Festland.

Nach zehn Tagen gehen die Passagiere von Bord, du reichst jedem die Hand, Tränen fließen, es regnet Küsse und Versprechungen. Während der letzte Passagier ausschifft, eilst du in deine Kabine, tauschst den schwarzen Smoking gegen einen weißen, wirfst einen Blick in den Spiegel, reibst dir die Müdigkeit aus den Augen, lächelst Probe und hastest wieder nach unten, um dich in die sogenannte Welcome-Line einzureihen. Dann heißt es wieder Händeschütteln. »Benvenuto, willkommen, bienvenue!« Fremde Männer, Frauen und Kinder, neue Gesichter, Erwartungen und Sehnsüchte. Anfangs macht dich das fertig, aber mit der Zeit lernst du zu funktionieren.

Die Passagiere kommen und gehen, wie Ebbe und Flut, daran ist nichts zu ändern. Was bleibt, ist die Crew, und je länger du auf See bist, desto mehr wächst der Zusammenhalt. Nach ein paar Wochen versteht man sich blind. Heute noch denke ich an Anneke, meine weizenblonde Alibi-Freundin aus den Niederlanden, oder an Stefania, die seit zehn Jahren zur See fuhr und italienische Reisende betreute. In ihrer Gesellschaft ließ ich mein altes Leben los. Ich begriff, dass ich nicht mehr ins Bankgeschäft zurückgehen würde. Mein Leben war nicht zu Ende, und es gab andere Türen, die mir offen standen.

Nachdem wir das Mittelmeer und das Schwarze Meer bereist hatten, durfte ich mit zum Nordkap. Kiel – Kopenhagen – Norwegen – Spitzbergen – Stockholm – Kopenhagen – Kiel.

Diese letzte Reise hat sich in meiner Erinnerung eingebrannt wie das Licht, das vierundzwanzig Stunden da war. Helligkeit, ein merkwürdiges, gelb-orangefarbenes Licht, das auf der Netzhaut flimmert, wenn du die Augen schließt. Leuchtend weiße Nächte. Die Passagiere liebten es. Bis zwei Uhr morgens lagen sie auf dem Sonnendeck am Pool, flirteten und cremten sich gegenseitig den Rücken ein. Eine Reise wie ein endloser Sommertag.

Ich hatte eine Kajüte vorne am Schiffsbug bekommen, neben den Kapitänskabinen, und genoss mein Privileg. In den Fjorden gab es immer wieder sogenannten Wal-Alarm. Hunderte Orcas, backbord und steuerbord, die in die Luft sprangen und sich mit lautem Klatschen wieder ins Wasser fallen ließen, als wollten sie dem merkwürdigen Ungetüm, das sich in ihr Revier gewagt hatte, Angst einjagen. Das hohe Pfeifen der schweren Tiere, Klickgeräusche, eine Wolke aus fremden, schwebenden Klängen.

Abends sahen wir das Polarlicht. Ein Streifen am Horizont, der sich verwandelt, leuchtet. Grün-weiß-lila-orangefarbenes Glitzern, dazu die Stille über dem Wasser. Nach dem Alltagsgetöse im Frankfurter Bankenviertel war ich mitten im Nirgendwo gelandet. Kein Geräusch, nirgends. Der Natur so nah zu sein hatte etwas Magisches.

Während der Reise zum Nordkap habe ich mich heftig verliebt. Ich verliebte mich in die verzauberte blaue Welt der Fjorde, und ich verliebte mich in Fabio, einen italienischen Tanzdirektor mit eisgrauem Haar und umwerfendem Lächeln, der aussah wie ein Filmstar. Walter hat das bestätigt, als ich ihm Fotos von der Kreuzfahrt zeigte. Fabio sah aus wie Richard Gere, was rede ich, er sah hundertmal besser aus, und er tanzte wie ein junger Gott.

Kaum hatte ich spätabends dem letzten Passagier eine gute Nacht gewünscht, begab ich mich ins Theater an Deck drei, wo die Tänzer probten. Es war ein altmodischer kleiner

Saal mit Tanzparkett. Klaviermusik. Frauen und Männer, die sich dehnten, Drehungen und Sprünge übten. Ich liebte diese Stimmung, den Moment des Unter-sich-Seins. Konzentration, gepaart mit Leichtigkeit. Das waren schwebende Momente, wie aus einem Traum.

»Du gehörst auf die Bühne«, bemerkte Fabio trocken, während ich mich mit den anderen warm machte, als gehörte ich dazu. Ich spürte seinen Blick, und mir wurde flau im Magen.

Wenig später teilten wir zum ersten Mal das Bett.

Natürlich durfte niemand von unserer Liebschaft wissen. In den frühen Morgenstunden, wenn endlich alle schliefen und kein Mensch mehr auf den Fluren war, huschte ich über den Gang zu seiner Kabine und pochte leise mit den Fingerknöcheln gegen die Tür …

Zwei, drei Stunden später saß ich neben einer gepflegten Dame mittleren Alters am Frühstückstisch und schenkte ihr lächelnd Kaffee ein.

»Haben Sie gut geschlafen, Manu?«

»Oh, ja, sehr gut, heute Morgen fühle ich mich wie neugeboren.«

Als irgendwann der Abschied kam – nicht nur von Fabio, sondern von meiner Zeit auf den Weltmeeren –, nahm er mich beiseite.

»Ich sage dir nicht auf Wiedersehen, Manu.« Er schenkte mir einen Blick, der das ewige Eis zum Schmelzen gebracht hätte. »Komm mit nach London.« Ich blieb still, obwohl ich nichts lieber wollte, als Ja zu sagen. Vielleicht war diese Frage nicht mehr als ein Abschiedsgruß, klingende Worte, die nichts bedeuteten.

Am Kai in Kiel wandte ich mich noch einmal um. Zum ersten Mal sah ich das Schiff, das monatelang meine ganze Welt gewesen war, von außen. Ich hielt inne und sah zu, wie es ablegte, immer kleiner wurde und am Horizont verschwand. Schon in diesem Augenblick war die Sehnsucht da; nach der Crew, die mir zur zweiten Familie geworden war, und nach meinem römischen Liebhaber. Nach dem sanften Schaukeln und dem Geräusch, mit dem das Wasser gegen den Schiffsbug klatschte. Sogar das tiefe Summen der Schiffsmotoren würde ich vermissen.

Im Flieger nach Frankfurt weinte ich. Mit einem Mal löste sich alle Anspannung der vergangenen Monate; der Schock in Frankfurt, die Anstrengungen des Unterwegsseins. Ich war neun Monate auf See gewesen und ich hatte mein Lächeln keinen einzigen Moment abgelegt. Jetzt heulte ich wie ein Schlosshund. Ich verbrauchte ein Tempopäckchen nach dem anderen, und obwohl die Stewardessen sich redlich bemühten, ließ ich mich nicht beruhigen.

Die Aussicht, plötzlich wieder mit mir alleine zu sein und Zeit für mich zu haben, beruhigte mich nicht. Sie machte mir Angst.

Bühnensucht

In Frankfurt hielt ich es genau drei Tage aus – dann flog ich nach London, um in einem städtischen Theater in Soho vorzusprechen. Fabio hatte Wort gehalten, mich angerufen und herzitiert. Ich war seiner Stimme nur zu bereitwillig gefolgt.

Zwei Dutzend Bewerber, junge Männer, die sangen und tanzten, seit sie stehen konnten, und dazu ich, ein Banker und Go-go-Tänzer aus Frankfurt, den man in der Szene »Den Behaarten« nannte und den nichts anderes als der tiefe Blick in ein paar blaue Augen hierhergelockt hatte. Wenn ich heute darüber nachdenke, möchte ich laut lachen.

Nach einem mehrstündigen Casting war mir die Hauptrolle im Musical-Klassiker »Grease« sicher. Eine Entscheidung, die mir nicht ganz fair erschien. Offiziell hieß es, mein Aussehen habe den Ausschlag gegeben – tatsächlich hatte ich damals eine gewisse Ähnlichkeit mit dem jungen Travolta, schlank, kernig und dunkel, mit dem Schmelz, den man Südländern nachsagt. Ich war mir sicher, dass Fabio seine Finger im Spiel hatte. Ihm hatte ich wohl auch den wochenlangen Privatunterricht zu verdanken – gewissermaßen Nachhilfe –, ohne den ich es nie geschafft hätte, unter Profis auf der Bühne zu bestehen. Heute erstaunt es mich selbst, dass es mir gelang, eine ganze Saison den Musicalstar zu geben.

Das Leben in der Kompanie war hart; wenig Geld, ständiges Unterwegssein, Training, das mich an meine körperlichen Grenzen brachte. Vor allem die Hebefiguren hatten es in sich. Ein falscher Handgriff, ein Sekundenbruchteil Unaufmerksamkeit, und es konnte zu üblen Stürzen kommen.

Obwohl ich im Showbusiness nicht zu Hause war, wuchs sich meine Bühnenlust in den Musicalhäusern von Barcelona, London und Istanbul zu einer richtigen Bühnengier aus: Irgendwann brauchte ich das Rampenlicht wie andere eine Prise Koks.

Ein Schlussapplaus ist eine starke Droge. Standing Ovations, Scheinwerfer, die jede deiner Bewegungen auf der Bühne verfolgen. Rosenregen. Vorhang zu, Vorhang auf, das Gleiche noch mal. Fans, die vor deiner Garderobe Schlange stehen, um ein Autogramm zu ergattern. Parfümierte Liebesbriefe.

Das macht dich high, aber es kostet auch Kraft. Am Ende der ersten Spielsaison war ich müde. Die Geschichte mit Fabio war so schnell zu Ende gegangen, wie sie begonnen hatte, und ich wollte nur eines: wieder ein Zuhause haben, wo immer das sein könnte. Zur Ruhe kommen. Vielleicht würde ich mir sogar einen Hund zulegen.

Treibgut

Wie ein Stück Treibgut hatte es mich hierhin und dorthin verschlagen, und diesmal strandete ich in Köln. Ich bezog eine kleine Wohnung, nahm einen langweiligen Job in der Düsseldorfer Gemeinde an und versuchte, im Alltag Fuß zu fassen. In dieser Zeit begriff ich, was die Zeugen Jehovas, Studenten, Börsenbroker, die Crew auf einem Ozeanriesen und Tänzer einer internationalen Kompanie gemein haben: Sie bieten dir den Schutz der Gemeinschaft.

In Köln war ich zum ersten Mal in meinem Leben ganz auf mich allein gestellt. Ich sehnte mich nach Gesellschaft – und ich entschied, dass es an der Zeit war, wieder einen Hund zu haben. Schon lange hatte ich ein Auge auf Bullys geworfen. Nicht zu klein und nicht zu groß, fröhlich, von ausgeglichenem Wesen. Hunde, denen es in der Stadt nicht zu eng wird. Außerdem machen sie gute Laune. Ich brauchte einen Bully nur anzusehen, schon kitzelte mich das Lachen in der Kehle.

Stundenlang recherchierte ich im Internet, um einen vertrauenswürdigen Züchter mit einem schönen Wurf Bullys zu finden. Dann rief ich an und vereinbarte einen Kauftermin.

Monti war hässlich. Genau genommen war er der hässlichste Welpe aus dem ganzen Wurf. Kurze Beine, ein dicker kleiner Körper und Riesenohren. Seine Fellzeichnung – weiß mit schwarzen Ohren – ließ ihn aussehen wie eine Fledermaus. Als ich ihn zwischen seinen Geschwistern erblickte, tat er mir leid. Meine Güte, dachte ich, hoffentlich erbarmt sich irgendjemand. Dass ich dieser Jemand sein könnte, wäre mir nicht im Traum eingefallen. Hieß ich Mutter Teresa?

Nach einigem Hin und Her entschied ich mich für seinen hübscheren Bruder, einen niedlichen schwarzen Welpen mit weißer Krawatte.

Zehn Minuten später saß ich im Büro des Züchters, den Füllfederhalter in der Hand, bereit, den Vertrag zu unterzeichnen. Da knallte es und ich fuhr zusammen. Das Telefon war vom Tisch gefallen. Irritiert beugte ich mich herab, um es aufzuheben. Neben meinem rechten Hosenbein saß Monti, die Kabel im Maul, und schaute mich an. Er wirkte zufrieden. Offensichtlich war er auf die Rücken seiner schönen Brüder geklettert. Von dort aus hatte er den Rand der Kiste überwunden, die sie sich teilten. Er hatte die Treppen in den ersten Stock erklommen, die Bürotür mit seiner platten Schnauze aufgedrückt und sich des Telefons bemächtigt. Jetzt saß er vor mir, die Telefonschnur wie eine Trophäe im Maul. Wenn ich seinen Blick deuten darf, so besagte er: »Ich will auch ein bisschen Liebe.« Ja, ich bin hundertprozentig sicher, dass Montis Blick genau das sagte. Der Hund hatte mich ausgesucht, und ich hatte nichts einzuwenden.

»Moment«, wandte ich mich an den Züchter, der mich erwartungsvoll anblickte. »Ich habe mich umentschieden. Ich nehme ihn hier.«

»Sind Sie sich sicher?« Der Mann wirkte überrascht.

Ich nickte. »Ganz sicher.«

Natürlich wurde aus der hässlichen Fledermaus ein wunderhübscher Bully. Neben Junior war Monti der witzigste Hund, den ich je hatte. Wenn man ihn zu lange alleine ließ, zerkaute er hingebungsvoll Daunenkissen und verteilte die Federn im ganzen Zimmer, oder er pinkelte in irren Mustern die Wände hoch. Er pinkelte wie ein Künstler, in dieser Hinsicht war er ganz erstaunlich.

Mit Monti kam Beständigkeit in mein Leben, und ich begann, mich in Köln wohlzufühlen. Bevor ich morgens nach Düsseldorf zur Arbeit fuhr, brachte ich Monti zu Gudi, meiner Nachbarin aus dem dritten Stock. Mein Hund lebte wie ein Trennungskind: Er hatte zwei Bezugspersonen, Frauchen und Herrchen. Das Arrangement kam allen entgegen. Gudi war eine einsame Frau, ihr Mann hatte sie vor langer Zeit verlassen und ihre einzige Tochter sprach seit zehn Jahren kein Wort mit ihr. Als Hausfrau hatte sie nie gearbeitet, und jetzt war ihr Leben leer, wie ausgehöhlt.

Monti brachte Abwechslung in ihren Alltag, er gab ihr das Gefühl, gebraucht zu werden. Für mich wurde unsere Nachbarin bald zu einer mütterlichen Freundin. Sie brauchte uns, und wir brauchten sie.

Vielleicht wäre mein kleiner Bully noch heute bei mir, wenn ich mich nicht verliebt hätte. Oder wenn Gudi nicht so bedürftig gewesen wäre. In Filmen und Romanen geschieht nichts grundlos: Es gibt immer einen höheren Sinn, und wenn es nur die Logik des Erzählens ist, der die Ereignisse gehorchen. Im Leben ist das anders. Da gibt es Zufälle, Verkettungen und merkwürdige Umstände. Wenn ich zurückblicke, staune ich, wie sich in der Erinnerung alles miteinander verschränkt. Welche Muster wiederkehren. Am merkwürdigsten erscheint mir die Geschichte mit Toni.

Ich lernte ihn im Internet kennen, auf einer einschlägigen Dating-Seite. Drei Monate lang schrieben wir einander täglich, und mit der Zeit wurde er Teil meines Lebens. Toni arbeitete als Reinigungskraft in einem Zürcher Solarium, ein armer Schlucker aus der Schweiz, dachte ich, was soll's. Irgendwann erklärte er mir, er würde zur Solariummesse nach Köln kommen, wir könnten uns endlich sehen.

Mein neuer Bekannter gefiel mir sofort. Ein zierlicher Mann mit hellen, wachen Augen und einem ansteckenden Lachen. Toni lachte viel, und sein Blick hatte etwas Hypnotisches.

Anfangs respektierte ich seinen Wunsch, ihn nicht in Zürich zu besuchen. Er lebte noch mit seinem Ex zusammen, in Freundschaft, und wollte den Haussegen nicht gefährden. Irgendwann genügten mir seine Besuche nicht mehr. Ich wollte meine Fantasien an der Realität messen. Ich wollte sehen, wie er lebte, welches Buch auf seinem Nachttisch lag und ob er Pantoffeln trug, wenn er vorm Fernseher saß. Ob er Kaffee zum Frühstück trank oder Tee bevorzugte. Welche Farbe sein Sofa hatte. Ich wollte Nähe.

»Ich möchte dich besuchen«, erklärte ich ihm am Telefon.

Nach kurzem Zögern willigte er ein.

»Ja, komm her, ich hol dich am Flughafen ab.«

Zwei Wochen später empfing er mich in der Wartehalle des Flughafens. Die erste Überraschung erwartete mich im Parkhaus. Toni zückte seinen Autoschlüssel, und ein Riesen-BMW blinkte zur Begrüßung, während das Türschloss mit einem leisen Klicken aufsprang. Der Mann, der sich als

Putzkraft ausgegeben hatte, fuhr einen teuren Schlitten und wohnte in Einsiedeln, einem Wallfahrtsort rund sechzig Kilometer vor Zürich. Während Toni seine Kutsche durch die Voralpenlandschaft lenkte, sah ich aus dem Fenster. Ich hatte alles erwartet, nur das nicht. Die Ortschaft Einsiedeln liegt malerisch in einer Hochebene, über dem Sihlsee. Mein neuer Freund hatte mich in ein Märchen entführt. Der Bettler war in Wirklichkeit ein Prinz und bewohnte ein Schloss – eine moderne Villa, die majestätisch über dem Wasser thronte.

Sein Haus war ein Museum. An den Wänden hingen Gemälde, die Unsummen wert sein mussten. Potthässlich, aber teuer. Toni schritt vor mir durch die Räume, zeigte beiläufig hierhin und dorthin, erwähnte dieses oder jenes Kunstwerk und wie er in dessen Besitz gekommen war. In seinen Augen glänzte Erwartung. Offenbar dachte er, ich wäre tief beeindruckt.

»Hör mal, wir müssen reden«, brachte ich schließlich heraus. »Du hast mir etwas vorgemacht.«

»Ich kann das erklären«, erwiderte er lächelnd, und mich beschlich das Gefühl, als hätte er sich beinahe auf diesen Moment gefreut.

Wie sich herausstellte, hatte Toni die Wirklichkeit ein bisschen frisiert. Er putzte nicht die Böden und Bäder im örtlichen Solarium. Ihm gehörte ein ganzes Sonnenstudio-Imperium. Sein Hauptwohnsitz war L.A., und dorthin würde er in naher Zukunft zurückkehren, wenn seine laufenden Geschäfte es verlangten.

Während er erzählte, wer er wirklich war, drückte ich in Gedanken die Reset-Taste. Ich war zu verliebt, um ihn aufzugeben, aber wir müssten wieder bei null anfangen. Einander erst wirklich kennenlernen.

Toni hatte vieles verdreht und manches verschwiegen. Erst viel später begriff ich, dass das typisch war für seinen Umgang mit der Wirklichkeit. Ich glaube, damals wollte er sich schützen. Oder er wollte mich prüfen. Ich sollte ihm mein Herz schenken, obwohl ich ihn für bettelarm hielt.

An diesem Abend blieben wir bis drei Uhr nachts auf dem Sofa sitzen und redeten. Wie ich war Toni viel unterwegs gewesen, aber er hatte einen ganz anderen Zugang zu allem, was ihm begegnete. Während ich noch auf der Suche war, schien er genau zu wissen, was er wollte, und er zögerte nicht, es sich zu nehmen. Toni war ein Selfmademan, ein kleiner Herrscher, und er war verliebt in mich. In gewisser Weise hatte er mich auserwählt, und er würde mir eine Welt zeigen, die mir völlig fremd war.

Wir teilten vieles, und das, was uns trennte, erschien mir umso spannender. Heute sehe ich das etwas anders. Toni war mir ähnlich, seine Geschichte spiegelt meine eigene, und doch könnte sie gegensätzlicher nicht sein.

Wie ich hatte Toni eine lebhafte Fantasie und eine unbändige Lust auf Veränderung. Wie ich fand er irgendwann zum Glauben, aber sein Gott war nicht gütig. Sein Glaube machte ihn einsam. Wie ich bekam er Krebs. Aber er gab sich der Krankheit hin, anstatt sie zu bekämpfen.

Toni setzte andere Akzente. Als würdest du einen Fotoabzug mit seinem Negativ vergleichen. Dasselbe Motiv, eine entgegengesetzte Farbgebung. Hier Licht, da Dunkelheit.

Aber ich will nicht vorgreifen.

Wir waren etwa ein halbes Jahr zusammen, als er mich vor vollendete Tatsachen stellte.

»In zwei Wochen gehe ich zurück nach L.A.«, sagte er, während er mir in seiner lichtdurchfluteten Küche grünen Tee einschenkte.

Als ich schwieg, hob er den Blick und sah mich an.

»Komm mit«, bat er.

Einen Tag lang redete er auf mich ein. Er versprach mir Himmel und Erde, den Mond und die Sterne, wenn ich ihn nicht alleine ließe. Andernfalls würde L.A. das Ende unserer Beziehung bedeuten. Mein Freund war ein Mann der Extreme, Schwarz oder Weiß, für ihn gab es keine Grauzonen.

Nach langem Zögern entschied ich mich für ihn und das gemeinsame Leben in Übersee. Die Vereinigten Staaten, Beverly Hills, Las Vegas. Das klang nach einer Riesenchance. Alles, wovon ich geträumt hatte. Ich würde meinen Job aufgeben, aber meine Wohnung behalten, als Sicherheit. Monti würde ich mitnehmen. Wenn er bei mir wäre, würde mir alles leichter fallen.

Als ich Gudi von meinen Plänen erzählte, brach sie in Tränen aus. Wir standen in meiner Küche, ich hatte Kaffee aufgesetzt.

Nachdem sie sich etwas beruhigt hatte, sah sie mich an. »Wenn du mir den Hund wegnimmst, sterbe ich«, sagte sie leise.

Ich blickte sie an und mir fiel nichts ein, das ich hätte erwidern können. Eine hübsche, brünette Frau von Mitte fünfzig, der man das Alleinsein immer mehr ansah; die Nachlässigkeit, mit der sie ihr Haar frisierte und ihre Kleider auswählte, machte mich traurig.

Vor wenigen Wochen hatte man bei ihr Brustkrebs diagnostiziert, und die OP stand kurz bevor. Man würde ihr in absehbarer Zeit eine Brust abnehmen, sie würde ein paar Tage im Krankenhaus bleiben, und niemand käme sie dort besuchen. Dann würde sie ein Taxi nach Hause nehmen. Wo sie eine leere Wohnung erwartete. Dann käme die Bestrahlung. Sie würde ihr Haar verlieren, und niemand würde mit ihr Perücken anprobieren oder ihr eine schöne, wollene Mütze schenken. Gudi war wirklich alleine. Alles, was ihr Kraft gab, lag in diesem Augenblick in dem Körbchen zu unseren Füßen und schnaufte leise.

Ich verstand sie, aber ich sagte nicht Ja. Ich brachte es einfach nicht über mich. Tagelang rang ich mit mir.

Kurz bevor ich in die Staaten flog, klopfte ich an ihre Wohnungstür. »Monti bleibt bei dir«, sagte ich tonlos. Gudi fiel mir um den Hals, sprachlos vor Erleichterung, und wenig später brachte ich ihr meinen kleinen Freund.

»Auf Wiedersehen« war das Letzte, was ich zu ihr sagte. Ich habe sie und Monti nie besucht, auch später nicht. Es wäre zu schmerzlich gewesen. Sie hatte Monti, das war wie ein Teil von mir. Ein größeres Geschenk hätte ich ihr nicht machen können. Vom Hörensagen weiß ich, dass meine Freundin Gudi den Krebs besiegt hat. Meine Entscheidung, Monti bei ihr zu lassen, habe ich nie bedauert.

Tonis Villa war eingeschossig, ein modernes, lang gezogenes Gebäude, das sich in die Hills duckte wie ein merkwürdiges Tier. Siebenhundert Quadratmeter, ein Gästepavillon im Garten, ein Riesenpool, ein Fuhrpark mit sechs Wagen. Solchen Luxus kannte ich nicht. Solcher Luxus existierte in Europa so gut wie nicht …

Das Nachbargrundstück bewohnte Penelope Cruz, aber ich habe sie nie zu Gesicht bekommen.

Tonis Garten war verwunschen, voller Wunder: Kakteen, Orchideen, Nachtblüher. Wusstet ihr, dass Kolibris mit ihrem Gefieder Liebeslieder singen? Im Frühjahr, vor der Paarung, spreizen sie im Sturzflug ihre Schwanzfedern, sodass der Wind sie in eine lebendige Harfe verwandelt. Das sind feine, helle Töne.

Ich hörte sie nur selten singen. Das Leben auf dem millionenschweren Anwesen war viel zu lärmend, dort war man nie allein. Es gab einen Gärtnerverein aus Mexiko, der sich um das Grundstück kümmerte, eine Putzkolonne, Pool Boys und Chauffeure.

Mit der Zeit wurde mir klar, dass ich einen Fulltimejob angenommen hatte, als ich Toni in die Staaten begleitete. Ich war der Freund eines Millionärs, und ich kümmerte mich darum, dass sein Leben funktionierte. Ich sprach mit den Gärtnern, koordinierte die Einkäufe, sorgte dafür, dass die Limousinen glänzten, dass alle Lichter im Haus funktionierten und kein Blatt in dem protzigen Pool trieb, den wir nie benutzten. Während meiner Zeit in L.A. habe ich nicht ein einziges Mal ein schmutziges Auto gesehen. Dort war alles übergroß und sauber. Es gab einfach keinen Dreck. Es gab auch keinen Staub. Nichts schien sich abzunutzen. Vielleicht würde auch ich in L.A. immer jung und schön bleiben?

»Was machen wir am Wochenende?«, konnte Toni am Freitagabend beiläufig fragen.

»Keine Ahnung, wozu hast du Lust? Wollen wir shoppen gehen?«

»Warum nicht.«

»Singapur oder Bangkok?«

Selbstverständlich flogen wir First Class.

In dieser Zeit lernte ich den Mann, in den ich mich verliebt hatte, als ich ihn für einen armen Schlucker hielt, wirklich kennen.

Für Toni war das Beste nicht gut genug – und sein Besitzanspruch war unermesslich.

Ich begriff, dass er verbittert war.

»Alles und jeder ist käuflich, Manu«, war einer seiner Standardsätze. Manchmal hatte ich den Eindruck, dass er auch mich miteinschloss. Toni hatte etwas Aufbrausendes, Gebieterisches. Er engte mich ein. Nach unseren immer heftiger werdenden Streitereien riss er meine Kleider aus dem Schrank und warf sie aufs Bett.

»Da ist die Tür. Flieg nach Hause, Kleiner. Meine Limousine bringt dich zum Flughafen.«

Fünf Mal flog ich nach Hause. Ich schlug die Tür hinter mir zu und verließ Tonis Reich mit dem festen Vorsatz, nie, nie mehr zurückzukommen. Für ihn bist du nur ein Spielzeug, dachte ich, wie alles andere. Nichts hiervon ist echt, und nichts gehört dir. Das dachte ich etwa zwei Tage lang, bis in Köln, wo ich bei einem Freund untergekrochen war, das Telefon klingelte, und Toni mich bat zurückzukommen.

Fünf Mal flog ich nach Hause, und fünf Mal kehrte ich zu Toni zurück.

Dann gab es ein rauschendes Wiedersehen, Tränen, Liebesschwüre.

In solchen Momenten war er sanft und verletzlich, und ich spürte, dass sich hinter der Maske der Abgeklärtheit etwas ganz anderes verbarg. Das war es, was ich an ihm liebte. Das Verlorene, Verletzliche. Toni suchte etwas bei mir. Er suchte einen Sinn, und ich wollte ihm helfen.

An eine Szene erinnere mich in aller Deutlichkeit. Wir saßen spätabends im Garten auf einer Holzbank, der Mond schien und die Nachtblüher verströmten ihren Duft. Liguster und Nachtkerzen, Engelstrompete. Ich nahm Toni in den Arm und gab ihm einen Kuss.

»Sieh mal, wie verschwenderisch. Jetzt würd ich gerne Danke sagen.«

»Danke? Wofür denn?«

»Für die Schönheit. Dass wir es so gut haben.«

Toni lächelte mich an, und ich sah Verwunderung in seinem Blick. Vielleicht fand er mich exotisch, wie die Blumen, deren Blüten im Mondlicht leuchteten.

Mein Freund begriff, dass ich ihm einen Weg aufzeigte, aber er schlug eine völlig andere Richtung ein. Toni, der immer Atheist gewesen war und nur Hohn und Spott für das Spirituelle übrighatte, beschäftigte sich plötzlich mit existenziellen Fragen: Wer sind wir, und warum sind wir in der Welt? Haben wir eine Aufgabe, und wenn ja, worin besteht sie?

Toni fand zum Glauben – allerdings zu einer Art Selfmade-Religion. Ein Gedankengebäude, das so weit vom Göttlichen entfernt war wie seine Villa in Beverly Hills vom echten Leben. Sie handelte von Verdammnis und Erlösung, von Auserwählten und Verlorenen. Mein Freund glaubte, er würde eines Tages in den Himmel kommen, während der Rest der Menschheit zur Hölle fuhr. Wahrscheinlich dachte er, auch ein Ticket ins Paradies könnte man käuflich erwerben. Was ich an ihm so liebte, das Visionäre, Mutige, sollte sich gegen Ende seines Lebens in einen religiösen Wahn verwandeln.

Heute glaube ich, Toni wollte einfach gerettet werden. Durch mich, durch den Gott des Geldes oder irgendeinen anderen. Ich konnte ihn nicht retten, aber immerhin war ich ihm bis zuletzt ein Freund.

In unserem letzten gemeinsamen Jahr pendelten wir zwischen Zürich und L.A. Ich begann mich in meiner Rolle als Millionärsfreund zu langweilen und machte Fortbildungen in Reiki und Magnetismus. Ich staunte, als mir aufging, dass du mit körperlichen Berührungen auch die Seele anfasst. Du legst jemandem die Hand auf oder fährst sachte über seinen Rücken und plötzlich löst sich etwas tief in seinem Innern. Ich hatte ein Händchen für die Seele.

Während ich anderen Menschen half, wieder zu sich zu kommen, drifteten Toni und ich immer weiter auseinander. Toni hasste Frauen, er hasste Schwule, vielleicht im Grunde auch sich selbst, er war besitzergreifend und eifersüchtig. Manchmal dachte ich, am liebsten hätte er mir eine Burka angezogen, mit einem ganz, ganz kleinen Sehschlitz. Gleichzeitig hatte er durchaus ein Gefühl für mein Alleinsein.

»Ich glaube, dir fehlt etwas«, sagte er eines Abends vor dem Einschlafen. Ich lag neben ihm in unserem King-Size-Bett in seiner Schweizer Villa und starrte an die Decke.

Überrascht wandte ich mich zu ihm.

»Was meinst du?«

»Ich glaube, dir fehlt ein Hund, Manu.«

»Ein Hund? Ist das dein Ernst? Wir haben ja nicht mal einen festen Wohnsitz.«

»Na und?« Er lächelte mich an. »Ein kleiner Hund. Bei First-Class-Flügen ist das kein Problem.«

Zwei Wochen später hatten wir Barneby. Jack Russell sind die Leichtgewichte unter den Jagdhunden, nicht mal einen halben Meter hoch, schlank und drahtig. Ich habe einmal von einem Jack Russell gehört, der aus dem Stand auf einen Pferderücken springen konnte, und es hat mich nicht erstaunt. Barneby hatte Sprungfedern in den Gelenken, er war ein Flummi von einem Hund. Außerdem war er ein echter Jäger. Barnebys Leben bestand aus heißen Fährten und Verfolgungen, er stellte Briefträger und Fahrradfahrer, spürte Stadtfüchse auf und jagte die Tauben auf dem Zürcher Limmatplatz.

Barneby zu erziehen war eine Aufgabe, mit ihm kam ich wieder unter Leute und entdeckte die Umgebung. Das war wie endlich freier Atmen. Mein Radius wurde größer, und ich spürte überdeutlich, wie eng es mir an Tonis Seite in der Brust geworden war.

Wir trennten uns nach drei Jahren, während der Weihnachtstage.

Wir hätten als Freunde auseinandergehen können, wäre da nicht die Sache mit Barneby gewesen.

Für mich war klar, dass der Hund bei mir blieb. Ich hatte ihn als Welpen vom Züchter geholt, ich war mit ihm in der Hundeschule gewesen, hatte ihn überall hin mitgenommen, und das Tier hing an mir.

Als ich im Februar vor Tonis Tür stand, um Barneby abzuholen, ließ er mich nicht ins Haus.

Die Hände in die Seiten gestemmt, stand er vor seiner eigenen Haustür wie ein eherner Wächter, flankiert von zwei Bekannten, die »im Notfall für ihn zeugen« würden.

»Barneby ist bei meiner Mutter«, rief er mir entgegen, »den Hund bekommst du nicht.«

Sein Misstrauen war offenbar gewachsen. Nun war ich Teil einer feindlichen Welt und wurde bekämpft.

Damals fehlte mir die Kraft, um Barneby zu kämpfen, und ich rechnete mir ohnehin wenige Chancen aus. Zwei Jahre lang sprach ich kein Wort mit meinem früheren Freund und Liebhaber.

Dann ließ ich ihn wieder in mein Leben. Rachsucht macht einsam, und es gab vieles, das uns verband. Er kam zurück, nur um sich zu verabschieden, aber das ist eine andere Geschichte. Zunächst nähern wir uns mit großen Schritten dem eigentlichen Hauptakt dieser Story, wir nähern uns Junior, meinem Lebensretter.

II

Junior, der Lebensretter

Junior

Zurück in Köln, verliebte ich mich wieder in einen Mann, der etwas Verlorenes an sich hatte. Paul hatte eine gescheiterte Ehe und zwei entzückende Kinder auf der Habenseite. Eine Hilflosigkeit, die mich reizte. Das Gefühl, gebraucht zu werden, ist stark, und ich habe es im Lauf meines Lebens oft mit Liebe verwechselt.

Paul konnte ich nicht helfen. Unsere Beziehung war ein ständiges Auf und Ab, sie hatte kein Maß und keine Mitte. Ich will sie hier nicht wiederaufleben lassen. Erwähnen muss ich sie, und dafür gibt es einen wirklich guten Grund: Junior.

Junior war kein Wunschkind.

Jacky. Joyko. Monti. Barneby. Keines dieser Tiere war bei mir alt geworden, und jedes Mal hatte mich der Abschied vollkommen aus der Bahn geworfen. Das wollte ich nicht noch einmal durchmachen.

Hätte mein damaliger Freund nicht gedacht, ein Hund könnte etwas Wärme in unser Leben bringen, hätte ich Junior nie zu mir genommen. Und hätte Paul geahnt, dass Junior mir helfen würde, den einzig richtigen Schritt zu tun und mich zu trennen, hätte er nie darauf gedrängt.

Hätte, hätte, Fahrradkette.

Paul musste nicht lange auf mich einreden. Je mehr ich darüber nachdachte, desto klarer wurde mir, wie sehr ich mich danach sehnte, wieder ein Tier zu haben.

Nachdem ich eine Weile recherchiert hatte, fand ich eine Züchterin in der Nähe von Hamburg, die einen guten Eindruck machte. Sie züchtete französische Bulldoggen. Paul und ich verbanden die Reise mit einem Besuch bei Freunden, die selbst einen Bully hatten. Die beiden Tage waren unbeschwert und voller Vorfreude. Ich fühlte mich in etwa wie ein Kind an den Tagen vor Weihnachten, wenn die Bescherung näher rückt. Bald würde ich wieder ein kleines Wesen in meiner Obhut haben.

An einem verregneten Sonntagmorgen im Herbst 2010 war es endlich so weit. Ich hatte mich für einen wunderschönen Welpen entschieden, aufgeweckt, mit ungewöhnlicher Fellzeichnung, der mich an Monti erinnerte.

Schon während wir den Papierkram erledigten, wurde mir klar, dass die kleine, grauhaarige Züchterin ihre Hunde liebte. Bevor sie unterschrieb, prüfte sie mich auf Herz und Nieren.

»Ist Ihre Wohnung auch groß genug?«, fragte sie mit kritischem Blick. »Wie weit ist es bis zur nächsten Hundewiese? Kennen Sie einen guten Tierarzt?« Ich nahm ihr das nicht übel, ganz im Gegenteil. An ihrer Stelle wäre ich genauso vorsichtig gewesen – immerhin ging es um ein Hundeleben.

Wir wollten uns eben verabschieden, als sie mich am Arm berührte.

»Dürfte ich ihn noch einmal nehmen?«, bat sie zaghaft.

»Sicher«, ich nickte.

Ich gebe zu, dass ich nur ungern zuließ, dass sie mir den Welpen aus dem Arm nahm. Sie wandte sich ab, entfernte sich ein paar Schritte, und zu meinem Erstaunen hörte ich sie leise schluchzen.

Ihr Mann hob beschwichtigend die Hand und zwinkerte mir zu. Offenbar kam das hin und wieder vor.

»Ja, ja. Lassen Sie nur. Ein, zwei Minuten, dann hat sie sich wieder gefangen.«

Der Abschied war dramatisch. Junior wurde geküsst und geherzt bis zum letzten Augenblick. Offensichtlich war mein Hund ein echter Herzensbrecher.

Während der ganzen mehrstündigen Autofahrt lag der Kleine auf einem Minikissen auf meinem Schoß. Wir hatten uns in der Hoffnung, dass die Autobahn leer wäre, den Flitzer eines Bekannten geliehen, einen nagelneuen schwarzen Golf GTI – und nun standen wir stundenlang im Stau. Für die Fahrt von Hamburg nach Köln brauchten wir geschlagene elf Stunden – und als wir den Wagen endlich in unserer Straße parkten, waren der Welpe und ich Freunde geworden.

Die ganze Reise über hatte er keinen Mucks getan. Er hatte nicht gejault oder gewinselt, war kein bisschen nervös geworden. Nun gehörten wir zusammen.

Junior verdankt seinen Namen einem Besuch in der Muckibude. Ich weiß noch, dass Ellis, ein Bekannter, und ich gerade Bauchmuskeln trainierten, als er plötzlich in der Bewegung innehielt.

»Ich hab eine Idee«, sagte er keuchend. »Du warst doch lange in den USA …«

Ich nickte. »Und?«

»Nenn deinen Bully doch Junior! Wie die Amis ihre Söhne!«

Im ersten Moment musste ich lachen, aber dann fand ich Geschmack an der Sache. Einen Sohn würde ich in diesem Leben nicht mehr haben, und »Junior« klang gut, ein Name wie gemacht für meinen vorwitzigen kleinen Bully.

In dieser ersten Zeit wachte ich über Junior wie eine Mutter über ihr Baby. Ich hatte sein Körbchen neben mein Bett gestellt, und wenn ich nachts aufwachte, sah ich zu ihm hinüber. Ehrlich gesagt, sah ich meinem Hund ständig beim Schlafen zu. Manchmal schämte ich mich beinahe, weil mein Verliebtheitsgefühl so intensiv war.

Junior war mein Augapfel, ich achtete auf seine Erziehung, brachte ihn zum Spielen in die Welpenschule und nahm ihn mit, wo immer ich hinging. Ich glaube, in diesen Monaten entstand jene Verbindung zwischen uns, die mir später das Leben rettete.

Es mag komisch klingen, aber ich habe früh gelernt, im Gesicht meines Bullys zu lesen. Ich sehe Junior an, ob er sich wohlfühlt oder nicht, ob er Hunger oder Durst hat, ich sehe sogar, wenn er etwas ausheckt. Das ist das Besondere an Bullys: Diese Hunde haben sprechende Gesichter, du musst nur genau genug hinschauen.

Wissenschaftler haben herausgefunden, dass Blickkontakt sowohl im Körper des Hundes als auch in dem seines Frauchens oder Herrchens die Bildung von Oxytocin verstärkt, einem sogenannten Bindungshormon. Es braucht sich also niemand schämen, weil er seinem Hund gern in die Augen blickt – im Gegenteil.

Erstaunlich ist, dass nicht nur Menschen in den Gesichtern ihrer Tiere lesen können – das gilt auch umgekehrt. Sogar bei Wildfremden erkennen Hunde, ob ein Gesichtsausdruck Wut oder Freude spiegelt. Junior gab mir allerdings nicht nur das Gefühl, mich zu verstehen – er schien auch an meiner Freude und meinem Kummer teilzuhaben.

Während wir beide ein Team wurden, ging es mit meiner Beziehung bergab.

Es gab hässliche Szenen – und in dieser Zeit war es ausgerechnet mein kleiner Hund, der mich tröstete. Einmal weinte er, ich schwöre es, Junior weinte, weil es mir schlecht ging. Paul und ich hatten gestritten, es war laut geworden, und mein Bully hatte sich unter die Couch verkrümelt. Die Tür fiel krachend hinter Paul ins Schloss, und ich saß auf dem Küchenboden, den Kopf in den Händen vergraben, und schluchzte. Meinen Hund hatte ich beinahe vergessen, als er aus seinem Versteck kroch und zu mir kam. Junior stupste mir mit seiner flachen Nase sanft gegen die Schulter. Das war aber noch nicht alles. Mein Bully gab Töne von sich, wie ich sie noch nie von einem Hund gehört hatte. Kleine Klagelaute, als würde er jammern und weinen.

»Junior, was hast du denn? Junior …«, rief ich erstaunt, und dann schloss ich ihn in die Arme. Ein paar Minuten später hatten wir uns beide beruhigt …

Auch während der Trennung, die eigentlich längst überfällig gewesen war, stand Junior mir bei. Im Grunde genommen ist es sehr einfach: Wenn du einen Hund hast – oder auch ein anderes Haustier –, bist du nicht mehr allein. Du hast eine Aufgabe. Du kannst dich nicht hängen lassen, nur weil dir das Leben übel mitspielt. Ein Hund hat Bedürfnisse – er muss gefüttert werden, braucht Auslauf und Beschäftigung. Ein Hund braucht auch Liebe. Du kannst ihn nicht einfach abstellen wie ein Tamagotchi und den Tag mit einem Nutella-Glas im Bett verbringen oder ein Melodrama nach dem anderen im Fernsehen anschauen. Tiere bringen Struktur ins Leben. Mir hat das immer gutgetan.

Junior und ich waren seit zwei Jahren ein Team – ein gemischtes Doppel sozusagen –, als ich Walter kennenlernte.

Wir hatten erst ein paarmal gechattet, als wir uns 2012 während der Ostertage in Brüssel trafen. Ich wollte Walter zwei, drei angesagte Partys zeigen, in Klubs, zu denen jedes Jahr Freunde aus aller Welt pilgerten. Partypilger.

Nie werde ich den Moment vergessen, als ich die Tür meines Hotelzimmers öffnete und Walter vor mir stand. Groß und breit, brünett, in einem blauen Karohemd. Verlegen wie ein Teenager. Ich weiß noch genau, wie verblüfft ich war.

Blau. Ein Karohemd, dachte ich lahm, das ist sein Ausgeh-Outfit.

Das Teil habe ich bis heute aufgehoben, wie ein Relikt hängt es in einem Winkel meines Schranks und erinnert mich daran, was mir an Walter sofort gefiel. Er unterschied sich von meinen Freunden und von der ganzen Szene, in der ich mich seit Jahren bewegte. Wenn wir auf Partys gingen, trugen wir Tanktops – und auf der Tanzfläche zogen wir sie aus. Sich zu zeigen gehörte einfach dazu, und wenn es überhaupt irgendein No-Go gab, dann waren es Holzfällerhemden. Walters Art machte mich an. Er war anders, und ich fand ihn einfach umwerfend. Er hatte etwas Unverbrauchtes, Echtes, eine Neugier auf die Szene, die mich faszinierte.

Heute geht Walter dreimal die Woche in die Muckibude, auf Partys trägt er am liebsten oben ohne, und wenn der Beat aus den Boxen ihm gefällt, wiegt er sich wie ein großer Tanzbär hin und her. Er hat Geschmack an der Partyszene gefunden, aber er ist immer noch der Alte. Walter spielt nicht. Er lügt nicht und er lästert nicht. Ich glaube, die Rubrik »Lästern« gibt es einfach nicht in seinem Denksystem.

»Komm, ich leih dir ein Oberteil«, bot ich damals an, und Walter trat unbehaglich von einem Bein aufs andere.

»Darin fühl ich mich nicht wohl. Das bin ich nicht, Manu.«

In dieser Nacht begann eine glückliche Zeit. Walter war der erste Mann, in den ich mich verliebte, der nahezu das gleiche Alter wie ich hatte. Sein ganzes Leben hatte er damit verbracht zu studieren, sich merkwürdige PC-Programme auszudenken und in seinen blauen Karohemden herumzulaufen. Er war der große, ungelenke Junge, der auf einer Riesenparty in der Ecke stand und unsicher an seiner Cola nippte. Körperlich fiel er auf, aber als Mensch nahm er sich zurück, das machte ihn so besonders. Wenn wir zusammen unterwegs waren, gelang es ihm irgendwie, sich hinter mir zu verstecken, obwohl er doppelt so breit war wie ich.

Meine Welt war Neuland für ihn, und durch ihn entdeckte ich alles noch einmal. Das war, wie noch einmal jung zu sein. Ich wollte mit ihm reisen, ich wollte ihm die Welt zeigen.

Zunächst einmal musste er allerdings lernen, dass es mich nur im Doppelpack gab: zusammen mit Junior. Mein neuer Freund kannte sich nicht mit Hunden aus, er wusste nichts von ihrer Körpersprache. Wenn Junior schnaufte, hielt Walter es für Knurren.

Nie werde ich vergessen, wie er mich anguckte, als mein Bully zum ersten Mal zu uns ins Bett sprang und mitkuscheln wollte.

»Du lässt den Hund ins Bett?«, fragte er mit einem Anflug von Missbilligung.

»Ja, sicher«, ich nickte. »Er nimmt doch kaum Platz weg.«

In den ersten Wochen unserer Beziehung geschah etwas, das mich an den Rand eines Nervenzusammenbruchs brachte. Wie so oft hatte ich Junior mit zum Einkaufen genommen. Vor der Ladentür von *Kaiser's* saß ein Stadtstreicher vor seinem Pappbecher und hoffte, dass die Passanten einen guten Tag hatten. Als er meinen kleinen Freund sah, strahlte er über das ganze Gesicht. Junior war kein Welpe mehr, aber er hatte noch diesen Schmelz, den junge Hunde haben: das Unbeholfen-Tapsige, die ungestüme Freude an allem, was ihm neu war. Als der Mann ihn zu sich rief, wackelte er vor Freude mit dem ganzen Hintern. Französische Bulldoggen haben wie Möpse und Englische Bulldoggen eine angeborene »Stummelrute« – was sie nicht daran hindert, mit dem nicht vorhandenen Schwanz zu wedeln, was das Zeug hält.

Nachdem Stadtstreicher und Hund einander ausgiebig begrüßt hatten, rief ich Junior zu mir und trat mit ihm durch die elektrische Tür.

Von Kasse zwei winkte uns bereits seine Freundin zu.

Das Mädchen kannte Junior, seit er ein Welpe war, und während ich meine Einkäufe erledigte, wartete er in der Regel artig neben ihrer Kasse, in der berechtigten Hoffnung, dass irgendwann ein Leckerli für ihn abfiel.

»Warte hier, Junior«, sagte ich ihm, bevor ich wie üblich alleine meine Runde mit dem Einkaufswagen machte.

Als ich zurückkam, war der Platz neben der Kasse leer.

»Wo ist denn Junior?«, fragte ich das Mädchen.

Sie blickte mich verwirrt an. »Er ist ... er war eben noch hier, vor zwei Minuten.«

Sofort war ich alarmiert. Junior war Warten gewöhnt. Noch nie hatte er sich aus dem Staub gemacht, während ich etwas besorgte. Mein Hund kannte keine Leine – er blieb stets bei Fuß und hörte zuverlässig auf die wichtigen Kommandos.

Ich sah mich im Kassenbereich um, dann fiel mein Blick zur Ladentür. Der Stadtstreicher, der eben noch auf einer Wolldecke vor dem Eingang gesessen hatte, war verschwunden. Ich erinnerte mich wieder an die Freude auf seinem Gesicht, als er Junior entdeckt hatte, die Dankbarkeit darüber, wie zutraulich mein Hund sich von ihm streicheln ließ. War es möglich, dass er mit meinem Bully das Weite gesucht hatte?

Den ganzen Tag und die ganze Nacht lief ich durch Köln. Ich irrte durch die Gässchen bei der Festungsmauer, ich lief den Alleenring entlang, klingelte bei Freunden, die Junior und ich von der Hundewiese kannten. Zwischendurch meldete ich mich bei der Polizei und bei den Kölner Tierheimen. Niemand hatte meinen Hund gesehen. Ich rief Juniors Namen, bis ich heiser war, und als ich am Morgen ein, zwei Stunden schlafen wollte, fand ich keine Ruhe. Horrorszenen quälten mich: Junior wird von einem Auto angefahren und bleibt verwundet auf der Straße liegen. Junior, frierend und allein, in einem fremden Stadtteil. Eingesperrt in einem alten Schuppen. In ein Kellerloch gefallen. Wer einmal ein Tier vermisst hat, weiß, was man in solchen Momenten durchmacht.

In der Morgendämmerung war ich wieder auf der Straße, ausgestattet mit einem dicken Stapel Farbkopien und Paketband. Ich plakatierte Juniors kleine Schnute an allen Litfaßsäulen, Laternen und Haltestellen, die ich finden konnte.

»Wer hat meinen Hund gesehen?«, hatte ich in fetten roten Buchstaben unter sein Bild gedruckt und einen Finderlohn versprochen. Nichts. Junior war wie vom Erdboden verschluckt.

Die nächsten Tage verbrachte ich in einer Art Stupor. Ich konnte nicht mehr klar denken und war kaum ansprechbar. Hinter der Sorge um Junior verblasste alles andere – sogar meine Verliebtheit in Walter. Damals lebte er noch ausschließlich in Wien. Er hörte, dass es mir schlecht ging, aber er begriff nicht ganz die Dimension meines Verlusts. Junior war für ihn ein kleiner Hund mit großem Kopf, der im Leben seines neuen Freundes offenbar an erster Stelle kam. Das änderte sich erst später.

An Tag fünf nach dem Verschwinden meines Hundes meldete sich ein freundlicher Beamter der Kölner Polizei bei mir.

»Vermissen Sie eine junge Französische Bulldogge?«

»Ja!«

»Chip-Nummer 276098102947?«

»Ja! Wie geht es ihm?«

Der Mann am anderen Ende der Leitung gab ein glucksendes Geräusch von sich. »Oh, es geht ihm sehr gut. Kommen Sie doch auf die Wache, dann können Sie sich selbst davon überzeugen.«

Junior lag in der Wache auf einer Wolldecke, neben ihm ein Napf Wasser und ein großer Knochen, und ignorierte mich, als ich zur Tür hereinkam. Zwei junge Frauen, Französinnen, wie sich herausstellte, knieten links und rechts von ihm und tätschelten hingebungsvoll seinen dicken Kopf. Marie und Claudine hatten ihn in Rodenkirchen in der Nähe einer Baustelle beinahe mit dem Auto überfahren, angehalten und ihn aufgelesen.

Obwohl Junior so tat, als wären wir beide nur flüchtig miteinander bekannt, kamen mir die Tränen. Bald weinten auch Juniors Retterinnen vor Rührung, nur der Hund nagte ungerührt an seinem Knochen. Ich glaube, er nahm es mir übel, dass ich ihn nicht vor dieser Erfahrung bewahrt hatte. Viel später, als ich ihn wegen meiner Erkrankung nur selten sehen durfte, zeigte er ein ähnliches Verhalten. Wenn Junior sprechen könnte, hätte er gesagt: »Jetzt heulst du – und wo warst du, als ich auf der Straße gefroren hab? Wo warst du, Manu, und vor allem: Wo war mein randvoller Futternapf?«

Seit diesem Tag macht Junior einen großen Bogen um Stadtstreicher – manchmal ist es mir beinahe peinlich. Ob es tatsächlich der Mann mit dem Pappbecher war, der meinen Hund entführt hat, weiß ich nicht. Den Impuls könnte ich jedenfalls verstehen … ein vierbeiniger Freund würde das Leben auf der Straße vielleicht etwas leichter machen.

Ein paar Monate nach Juniors Ausflug begann Walter, zwischen Wien und Köln zu pendeln. Nach und nach wurde er Teil unseres Haushalts, und die beiden gewöhnten sich aneinander. Walter kam sozusagen auf den Hund. Junior war schon damals eine kleine Bekanntheit in unserem Kiez.

Wenn wir Pasta bei unserem Lieblingsitaliener aßen, sprang er als Erster durch die Tür – und er bequemte sich erst dann, zu unseren Füßen Platz zu nehmen, wenn er von Tisch zu Tisch getrabt war und alle und jeden begrüßt hatte.

Junior ist ein Kommunikationstalent. Alle lieben ihn – und wenn du mit ihm unterwegs bist, färbt mit etwas Glück ein bisschen Glanz auf dich ab. Auf der anderen Seite kann es passieren, dass dieser Bully dich vollkommen in den Schatten stellt – so ist das eben mit echten Stars.

Junior war überdies so sehr Schoßhund, dass ich aus allen Wolken fiel, als sich plötzlich der Urinstinkt in ihm regte.

Seit Kurzem vermiete ich gelegentlich eine möblierte Wohnung im dritten Stock an Tagestouristen und Geschäftsleute. Ich mag es, Reisende hier zu begrüßen. So kommt ein bisschen Welt zu uns nach Köln. Wir hatten schon Gäste aus Frankreich, Italien und der Schweiz, sogar aus Übersee.

Marc kam aus London, ein großer, kräftiger Mann um die dreißig, der offensichtlich den Großteil seiner Zeit in der Muckibude verbrachte. Den Mann, den Walter und ich nur »der Bodybuilder« nannten, bekamen wir immer dann zu Gesicht, wenn er etwas wollte. Ich weiß noch, wie verblüfft ich war, als er mit einem Riesensack Schmutzwäsche vor unserer Wohnungstür stand.

»Könnt ihr das bis morgen waschen und trocknen?«, fragte er unfreundlich.

»Da drüben ist ein Waschsalon. Bitte geh dorthin«, erwiderte ich höflich, aber er rührte sich nicht vom Fleck. Während er schimpfte, überlegte ich, was mir an seinem Gesicht so missfiel. Ich glaube, es war sein Ausdruck. Er hatte etwas

Brutales. »Pass bloß auf«, schien auf seiner Stirn zu stehen. Irgendwann zog er ab und trottete mit seinem Wäschesack die Treppe rauf, aber als der Tag der Abreise gekommen war, weigerte er sich zu zahlen.

Die Wohnung war sauber und ordentlich – es gab nichts zu beanstanden, und mangels irgendwelcher Argumente wurde der Bodybuilder immer lauter und aggressiver. Die Situation war unschön, und ich dachte daran, die Polizei zu rufen, als er mit gesenkter Stirn näher kam. Ich roch sein Aftershave, ein billiger Duft, ging es mir durch den Kopf, gleich schlägt er zu und Walter ist nicht da, wie ärgerlich. Vielleicht ballte ich sogar die Fäuste in der Hosentasche, bereitete mich vor, einen Angriff abzuwehren, als etwas vollkommen Überraschendes geschah.

Mein Hund stürmte aus der Wohnungstür und sprang den Fremden an. Bullys sind keine Beißer – mit ihrer platten Schnauze sind sie gar nicht dazu in der Lage –, aber sie sind schwer und kräftig, bullig eben. Mein Schoßhund hatte sich in eine Furie verwandelt. Er knurrte, schnaufte und schubste, eine kleine Urgewalt von Hund.

Der Bodybuilder verlor das Gleichgewicht und stolperte zwei Schritte die Treppe hinunter.

»Nimm deinen Hund weg!« Marcs Stimme war eine Oktave nach oben gerutscht, in seinem Blick lag nackte Angst: »Nimm sofort das Vieh weg!«

Tatsächlich war der Bodybuilder nicht der Einzige, den die Situation verunsicherte. Nachdem ich mich aus meiner Schockstarre gelöst hatte, nahm ich Junior am Halsband und bugsierte ihn zurück in die Wohnung.

»Was machst du denn?«, fragte ich erschrocken – und merkte, dass mein Bully zitterte. Junior zitterte am ganzen

Hundeleib, todunglücklich sah er mich an. Offensichtlich begriff er selbst nicht, was eben passiert war. Junior sah aus, als wäre ein Dämon in ihn gefahren – und just in diesem Moment wieder entfleucht.

Was weiß ein Bully, der den ganzen Tag gehätschelt wird, schon von dem Wolf, der in ihm wohnt?

Nach diesem kleinen Zwischenfall war das Problem mit dem Bodybuilder geklärt. Ohne ein weiteres Wort zog er das Portemonnaie aus seiner viel zu engen Jeanshose, zahlte, machte auf dem Absatz kehrt und ward nie mehr gesehen.

Ich muss heute noch lachen, wenn ich an Juniors verdutztes Gesicht denke. Damals habe ich begriffen, dass mein Bully ein Gespür für Gefahr hat. Und dass er mir beisteht, was auch immer geschieht.

Hiobsbotschaft

Unser Leben kollabierte im Frühling.

Walter und ich waren top in shape. Wir trainierten täglich, heute Brust und Bizeps, morgen Rücken- und Bauchmuskulatur ... Walter braucht eine Hantel nur anzuschauen, schon schwillt sein Bizeps. Bei mir ist das anders. Ich trainierte härter, ging an meine Grenzen, testete mich selbst. Beim Sport spürte ich mich. Ich liebte das Gefühl nach dem Training, und ich liebte die Blicke, die mein Körper auf der Tanzfläche anzog. Ich liebte meine Kraft. Mein Körper war mein Kapital. Behaart und muskulös – in der Szene ist das selten.

Walter und ich waren verliebt, und der Sommer lag vor uns wie eine große Verheißung. Barcelona, Madrid, Genf, Wien ... nichts konnte uns aufhalten. Die Frage, wann wir wie lange wohin reisen würden, war in diesen Wochen alles, was uns beschäftigte.

Jedenfalls fast alles – abgesehen von einer kleinen Irritation: Mich piesackte irgendetwas, so wie dich ein Flohbiss juckt. Du kratzt dich ständig am Rücken, es ist lästig, aber du denkst nicht weiter darüber nach. Während Walter das harte Training problemlos wegsteckte, kämpfte ich mit zäher Müdigkeit. Morgens kam ich kaum aus dem Bett, und ich hätte zu jeder Tageszeit schlafen können. Erst dachte ich an Frühjahrsmüdigkeit, dann schob ich es auf meinen Heuschnupfen. Es war die Zeit des Pollenflugs, und jedes Kind weiß heute, dass Allergien dich müde machen.

Als es nicht besser wurde, besuchte ich meinen Freund und Hausarzt Stevie.

»Wir sollten ein Blutbild machen«, schlug er vor. »Vielleicht hast du irgendeinen Mangel.«

Er attestierte leichten Eisenmangel, und ich verließ die Praxis mit einem Rezept. Damit war die Sache für mich erledigt. Täglich schluckte ich eine kleine weiße Tablette, und ich bildete mir ein, dass meine Müdigkeit verflog.

Etwa zu dieser Zeit begann Junior, meine Beine abzulecken.

Egal, ob ich saß, stand oder ging: Wann immer er ein freies Stückchen Haut fand, begann er, ausgiebig daran zu lecken. Es waren nicht die kleinen Liebesbezeigungen, die ich von ihm kannte – diese Art, wie er sich an meinen Beinen zu schaffen machte, war vollkommen neu.

Mein Hund wirkte merkwürdig erregt, ähnlich wie wenn er auf der Hundewiese eine frische Spur witterte.

An einem sonnigen Tag im Mai trug ich das erste Mal kurze Hosen. Junior wich mir nicht von der Seite. Nonstop leckte er meine Beine ab, das hatte etwas Aggressives, und anders als sonst hörte er nicht auf mein »Nein«. Ich wurde wütend, ich erhob die Stimme; zum ersten Mal, seit ich ihn bei mir aufgenommen hatte, schimpfte ich mit meinem Hund – und das Ergebnis war gleich null. Junior war wie hypnotisiert, er gehorchte nicht mehr. Wenn ich ihn wegschubste, kam er sofort zurück, ein Bully-Bumerang. In dieser Nacht kroch Junior unter die Decke, um meine Beine abzulecken. So etwas hatte er noch nie getan. Im Gegenteil, normalerweise schien er das stickige Dunkel zu hassen. Müde schob ich seine feuchte Schnauze weg und schubste ihn vom Bett. Junior ging mir auf die Nerven.

Nach einigen Tagen änderte sich sein Verhalten. Jetzt schleckte er mir nicht mehr die Schenkel ab, jetzt ging mir Junior an die Eier. So war es, und so erzählte ich es auch Walter, der gerade eine Woche in Wien verbrachte.

»Du, das ist komisch, Junior geht mir an die Eier.«

»Wie bitte?«

»Ja – pass auf, ich zeig's dir – Junior! Komm mal her!«

Wenn Walter in Wien war, sprachen wir oft über FaceTime, und jetzt sah er live mit an, wie Junior nach meinen Hoden schnappte.

Wir mussten beide lachen. Die Zielstrebigkeit, mit der mein Hund es auf meine Körpermitte absah, hatte etwas Komisches. Es war geradezu absurd.

Nachdem ich ihn mit einiger Mühe von meinem Körper abgehalten hatte, erklärte ich Walter, wie ich das Problem lösen wollte.

»Ich muss ihn kastrieren lassen«, seufzte ich. »Irgendetwas stimmt nicht mit seinem Hormonhaushalt.«

Walter nickte. »Ja, vielleicht. Aber merkwürdig ist es schon ...«

Abends lag ich in Boxershorts auf dem Sofa und schaute fern. Plötzlich sprang Junior mich an. Meinem Bully lief der Sabber aus dem Maul, er schnaufte und wirkte wie in Trance. Junior war wie ein Stier in der Arena, dem du ein rotes Tuch vor die Nase hältst.

Der Angriff kam aus dem Nichts, und es kostete mich richtig Kraft, ihn abzuwehren. Merkwürdig war, dass Juniors Aggressivität sich gar nicht auf mich zu beziehen schien. Er hatte an diesem Tag wie immer Leckerlis aus meiner Hand genommen, war in der Stadt bei Fuß gegangen und erst vor ein paar Stunden hatten wir auf dem Sofa gekuschelt. Junior und ich waren Freunde, wie immer. Sein merkwürdiges Verhalten richtete sich ausschließlich auf eine bestimmte Stelle meines Körpers. Ich hatte dieses unangenehme Gefühl, als wollte er mir die Hoden rausbeißen oder rauskratzen.

Nachdem ich ihn vom Sofa geschubst hatte, wurde ich nachdenklich. Was war an meinem Körper, das meinen Hund so aufbrachte? Junior hatte mich neugierig gemacht. Vorsichtig tastete ich meine Hoden ab – und fand nach einer Weile eine minimale Verhärtung unter der Haut des rechten Hoden. Jetzt fiel mir ein, dass ich in den letzten Wochen ab und an ein leichtes Ziehen in der Lendengegend gespürt hatte. Ich hatte es auf zu enge Hosen geschoben und nicht weiter darüber nachgedacht.

Eine kleine Entzündung, sagte ich mir, nichts weiter. Vor dem Schlafengehen telefonierte ich noch einmal mit Walter.

»Du, ich mach mir ein bisschen Sorgen«, sagte ich.

»Sorgen? Um Asim? Oder geht's um Benjamin?«

Ich weiß nicht, warum er gerade diese beiden Freunde erwähnte. Offenbar lag ihm der Gedanke gänzlich fern, dass es um mich gehen könnte. Damals waren Walter und ich so unbeschwert, wie es Verliebte eben sind. Nichts konnte unser Glück trüben – dachten wir. Nichts konnte uns gefährlich werden. »Nein«, ich zögerte, »es geht um mich.«

Walter war sofort aufmerksam. Später sagte er mir, meine Worte hätten ihn alarmiert – es sei noch nie vorgekommen, dass ich Sorgen um mich selbst geäußert hätte. Stets sei es das Schicksal der anderen, das mich beschäftigte. Nachdem ich ihm berichtet hatte, was geschehen war, redete Walter auf mich ein. Ich müsse unbedingt am nächsten Morgen zum Arzt gehen, ich dürfe das nicht aufschieben. Sein strenger Ton belustigte mich ein bisschen, und ich wiegelte ab, so gut ich konnte, fand alle möglichen Erklärungen. Walter hatte mir bis dahin noch nie gesagt, was ich zu tun hatte – er hielt sich immer sehr zurück mit jeder Form der Einmischung.

Obwohl es mir übertrieben erschien, saß ich am nächsten Morgen im kleinen Wartezimmer meines Hausarztes. Es konnte ja nicht schaden, der Sache auf den Grund zu gehen.

Nachdem Stevie mich untersucht hatte, runzelte er die Stirn.

»Das sieht nicht gut aus«, sagte er, ohne mich anzublicken. Er hatte schon die Hand am Telefonhörer, als er hinzufügte: »Ich ruf mal den Urologen an.«

Während er sprach, war mein Kopf leer. Ich hörte, dass er Nachdruck in seine Stimme legte, als er den Kollegen bat, mich vorzuziehen, aber ich dachte mir nichts dabei.

»Herr Tiburzio ist in fünf Minuten bei Ihnen«, erklärte er.

Erst als er das Telefonat beendet hatte, formte sich ein Gedanke hinter meiner Stirn.

»Hör mal, das geht nicht«, wandte ich ein. »Junior sitzt im Wagen und ich hab noch nicht gefrühstückt.«

Jetzt sah Stevie mich an. »Hör zu, da gibt es nichts zu diskutieren. Hund hin oder her. Du fährst jetzt sofort zum Arzt. Hol dir ein Brötchen auf die Hand, wenn's sein muss.«

Eine halbe Stunde später verließ ich die Praxis des Urologen. Jetzt hatte das Problem zwischen meinen Beinen einen Namen.

»Krebs«, hatte Dr. Lotter ruhig gesagt. »Sie haben Hodenkrebs, Herr Tiburzio. Ich überweise Sie direkt ans Krankenhaus. Sie haben keine Zeit zu verlieren.« Wieder sagte ich mein Sprüchlein auf, der Hund warte im Auto, und ich hätte Magenknurren. Wieder erntete ich Unverständnis.

»Sie fahren sofort ins Krankenhaus. Alles andere wäre unverantwortlich.«

Ich hatte gehört, was die beiden Ärzte gesagt hatten, aber wirklich erreicht hatte es mich noch nicht. Ich ging zum Wagen, schloss auf und begrüßte meinen Hund. Dann fuhr ich nach Hause, gab Junior ein paar Hundekekse und belegte mir ein Brötchen. Mit meinem Bully auf dem Beifahrersitz fuhr ich ins Krankenhaus.

Ruhig ließ ich die Untersuchung und die Blutabnahme über mich ergehen. Danach setzte ich mich ins Wartezimmer und blätterte in einer Illustrierten, bis man mich aufrief. Der Gedanke, dass das riesige Gebäude mit seinen langen Fluren, dem Geruch von Desinfektion und abgestandenem Kaffee, den Menschen in weißen Kitteln und Plastikschuhen mein neues Zuhause würde, streifte mich nicht einmal. Als

Gesunder saß ich zwischen Kranken, ein Zufall, ein Missgeschick. Ein kleines Problem, das sich lösen lässt.

Die Ärztin, die mich empfing, setzte die Brille ab, nachdem sie die Laborbefunde aus der Hand gelegt hatte.

»Herr Tiburzio, Sie haben Krebs im fortgeschrittenen Stadium. Der Krebs hat sich verkapselt. Ob das gut ist oder schlecht, können wir Ihnen zu diesem Zeitpunkt noch nicht sagen. Wir müssen schnellstmöglich operieren.«

»Wann denn?«, fragte ich höflich. »Wissen Sie, ich habe meinen Hund im Auto, und morgen fliege ich nach Wien.«

Die Frau stieß einen trockenen Laut aus, schwer zu sagen, ob er Belustigung, Erstaunen oder Empören ausdrückte.

Nach einem Moment des Schweigens setzte sie hinzu: »Der war gut. Hören Sie, Sie fliegen nirgendwohin. Das könnte die Ausbreitung der kranken Zellen begünstigen.«

Als ich zu Hause war, rief mich Walter an. Er war von Wien aus geschäftlich unterwegs nach Alicante. In diesem Augenblick stand er in Düsseldorf am Gate und wartete auf das Check-in für seinen Anschlussflug. Die Flugdauer Wien–Düsseldorf beträgt etwa anderthalb Stunden. Während Walter einen Kaffee getrunken und in einer Illustrierten geblättert hatte, war ich von drei Ärzten untersucht worden, hatte eine Diagnose und einen OP-Termin bekommen.

Wie immer klang er ruhig, aber ich spürte seine Angst ganz deutlich.

»Hör zu, es ist nichts«, versuchte ich ihn zu beruhigen. »Hodenkrebs. Das Gewebe wird rausgeschnitten, und dann war's das. Mach dir keine Sorgen.«

Kaum hatte ich aufgelegt, klingelte das Telefon zum zweiten Mal. Ralf, mein bester Freund, klang, als wäre er gerade einen Marathon gelaufen, vollkommen atemlos.

»Was ist los, Manu? Walter ist total aufgelöst! Er sagt, du musst operiert werden. Soll ich vorbeikommen?«

In seiner Sorge hatte Walter Ralf gebeten, sich um mich zu kümmern. Zum zweiten Mal an diesem Tag versuchte ich, einen Menschen, den ich lieb hatte, zu beruhigen. Was ich nicht wusste, war, dass das erst der Anfang war. Ich wusste nicht, wie es sich anfühlt, wenn sich plötzlich alle Freunde um dich sorgen. Wie sich das anfühlt, wenn ein Freund in Tränen ausbricht, nachdem er dir ins Gesicht geschaut hat. Ich kannte diese Scham noch nicht.

»Nein, nein, du brauchst nicht zu kommen, wirklich«, erwiderte ich bestimmt. »Ich geh jetzt mit Junior raus – alles wie gehabt. Am Montag werde ich operiert, und damit ist die Sache durch.«

»Bist du dir sicher?«

»Ja! Ganz sicher.«

Die Nachricht von meiner Krankheit verbreitete sich wie ein Lauffeuer, und am Wochenende riefen mindestens zehn Freunde an. Wie immer sprach ich auch mit meinen Eltern, aber ihnen gegenüber erwähnte ich die Diagnose und die bevorstehende OP mit keinem Wort. Es war schlicht unmöglich.

Was willst du auch machen, wenn deine Mutter dir mit dem ersten Satz sagt, dass sie dich lieb hat, und mit dem zweiten, dass du der hübscheste Sohn der Welt bist? Ihr allerliebster Schatz?

Wenn alles vorbei wäre, würde ich meinen Eltern davon erzählen. Ich würde es eher beiläufig erwähnen.

»Übrigens, Papa, ich hatte Krebs. Hodenkrebs. Aber es ist alles wieder in Ordnung. Ich wollte Mama nicht unnötig aufregen.« So in etwa.

Alles ging furchtbar schnell. Am Montag wurde ich operiert und schon am Donnerstag entlassen. Man hatte mir den rechten Hoden entfernt. Die OP war glattgegangen. Noch lagen keine Laborergebnisse vor, aber ich war zuversichtlich. Ich sah nicht aus wie ein kranker Mann, und ich fühlte mich auch nicht so. Dass der Krebs sich verkapselt hatte, hieß für mich, dass er nicht streute … ich hatte, was man einen »soliden Tumor« nennt, Krebs, der sich nicht über die Organgrenzen hinweg verbreitet. Er würde eine kleine hässliche Episode in meinem Leben bleiben.

Am Freitagabend war ich wieder in der Muckibude, und am Samstagabend gingen Walter und ich aus. Vielleicht feierten wir ein bisschen fester als sonst – aber im Grunde war alles wie immer.

Drei Tage später wollte ich meine Ergebnisse abholen. Walter arbeitete in Wien, und ich hatte vor, alleine ins Krankenhaus zu fahren. Nicht ganz alleine – selbstredend würde Junior im Auto auf mich warten. Als Frank, einer unserer Freunde, davon erfuhr, brachte er mich von meinem Plan ab.

»Du willst alleine ins Krankenhaus? Auf keinen Fall.« Spontan nahm er sich den Nachmittag frei und fuhr von seiner Arbeitsstelle in Gummersbach nach Köln zur Uniklinik. Zum ersten Mal spürte ich, dass es nicht nur mir, sondern auch meinen Freunden guttat, mir beizustehen.

Im Wartezimmer wurde uns die Zeit lang. Wir warteten und warteten. Unzählige Frauenzeitschriften später wurde ich ins Sprechzimmer gerufen. Frank stand gleich mit auf.

»Ist das Ihr Partner?«

»Nein. Ein Freund.«

»Sind Sie sich sicher, dass er zuhören darf?«

»Ja, klar.« Ich zögerte keinen Augenblick. Auch als wir auf den Besucherstühlen gegenüber einem Arzt mittleren Alters Platz nahmen, war ich entspannt.

Der Mann fackelte nicht lange.

»Herr Tiburzio, ich habe eine schlechte Nachricht.«

Ich schluckte.

»Ja?«

»Sie haben keinen Hodenkrebs. Es ist eine andere, viel schwerer zu behandelnde Krebsform.«

Ich spürte, wie mir der Schweiß ausbrach.

»Was heißt denn das? Was steht mir jetzt bevor? Eine Chemotherapie? Wie sind die Heilungschancen? Und was ist das für ein verdammter Krebs?«

Die Sätze, die aus meinem Mund sprudelten, hatte der Arzt gewiss schon hundertmal gehört. Hundertmal die Angst gesehen, die mir in den Augen stand.

Bevor er antwortete, schob er mit einer langsamen Bewegung eine Packung Taschentücher quer über den Tisch. Gegen die Tränen.

»Das kann ich Ihnen wirklich nicht sagen. Es tut mir sehr leid.«

»Was meinen Sie damit? Sie kennen doch die Ergebnisse.«

»Ja, aber das ist nicht mein Fachbereich. Lassen Sie sich für morgen einen Termin geben. Dann werden Sie alles erfahren. Bitte, Sie müssen etwas Geduld haben.«

Nach einer Weile begriff ich, dass es dabei bleiben würde. Man entließ mich mit den Worten »schlimm« und »schwer behandelbar« aus dem Sprechzimmer, das ich so unbedarft betreten hatte. Ich wusste nicht einmal, ob mir eine Chemo bevorstand oder ob man meinen Fall von vornherein als hoffnungslos einstufte. Dass der Arzt mir jede nähere Auskunft verweigert hatte, entfachte brennende Angst in mir. Meine Erkrankung musste wirklich selten sein, wenn ein erfahrener Mediziner nicht wagte, sie zu beschreiben. Würde man sie überhaupt behandeln können?

Im Flur wandte ich mich an Frank. »Bitte, können wir uns einen Augenblick hinsetzen?«

Er nickte. Dann kamen die Tränen. Erst weinte ich, dann weinte Frank.

Ich weiß nicht, wie lange wir in dem Wartezimmer saßen. Eine Stunde? Anderthalb? Jedes Gefühl für Zeit hatte mich verlassen, ich saß da wie gelähmt, unfähig, mich zu rühren.

Irgendwann berührte ich Frank am Arm. »Lass uns gehen.«

Ich wollte alleine sein.

Kaum war ich zu Hause, klingelte das Telefon. Meine Freunde klangen erwartungsvoll: in Erwartung einer guten Nachricht. Zweimal nahm ich ab, sagte, was geschehen war, und hörte mit an, wie meine Freunde in Tränen ausbrachen. Gestandene Kerle schluchzten wie Babys. Ein Scheißgefühl. Das dritte Klingeln ignorierte ich. Das macht deine Freunde kaputt, dachte ich. Du machst sie kaputt mit deinem kaputten Körper. In dieser Nacht raubte mir die Frage, wie ich damit umgehen sollte, den Schlaf. Nicht die Angst um mein Leben, sondern die Angst davor, ein anderer zu sein, trieb mich um. Jemand, der Menschen, die er liebt, zum Weinen bringt. Der Unglück und Angst in das Leben seiner Freunde bringt. Ein Unglücksbringer. Krebs bedeutet Tod und Leid, Krankheit und Schwäche. Betretenes Schweigen.

Für mich war Krebs ein Tabu gewesen, etwas Dunkles, wie ein Abgrund, den man meidet, in den man aber dennoch stürzen kann. Ein verbotener gefährlicher Ort, jenseits von Jugend, Partys, Leichtsinn und Leichtigkeit. Ein Ort, an dem du dich mit der Angst ansteckst. An diesem ersten Abend habe ich das Telefon ignoriert und mich zurückgezogen. Dorthin, wo ich war, sollte mir keiner folgen.

Am nächsten Morgen um zehn saß ich wieder in der Sprechstunde der Uniklinik. Ich wusste nicht, was mir bevorstand, und ich wollte nicht, dass einer meiner Freunde mich in einem solchen Zustand sah.

Ich hatte mir vorgenommen, gut zuzuhören und an den entscheidenden Stellen nachzufragen. Nichts davon gelang mir.

»Plasmozytisches Lymphom ... Non-Hodgkin ... Chemozyklen ... Aplasiephase.« Die Worte, die aus dem Mund der Ärztin kamen, waren für mich nur eine Aneinanderreihung von Silben. Ich hörte, dass die Frau im weißen Kittel redete, ich sah ihren Mund, der auf- und zuging, und ihre Hand, die von Zeit zu Zeit die Tempo-Box über den Tisch zu mir herüberschob – aber nichts davon hatte mit mir zu tun. Es war unbegreiflich. Über Nacht hatte ich die Seiten gewechselt: von den gesunden und sorglosen Menschen zu den Schwerkranken. Es konnte einfach nicht wahr sein.

Als ich mit zittriger Hand die Praxistür hinter mir zuzog, blieb mir vor allem ein Eindruck von Ohnmacht. Meiner Ohnmacht und der der Ärztin, die tapfer versucht hatte, mich aufzuklären.

Als Walter am nächsten Morgen nach Köln kam, konnte ich ihm nur sagen, dass man von drei Chemozyklen ausging und dass ich an einer sehr seltenen Krebsart litt. Als wir an diesem Tag in der Uniklinik mit einem anderen Arzt sprachen, hatte sich die Anzahl der Chemos auf wundersame Weise erhöht, jetzt war von fünf die Rede. Nicht mal zwei Wochen später waren es sechs.

Zu dem »Lymphom«, an dem ich erkrankt war, gab es keine Studien. Also gab es auch keine Prognose. Weltweit waren nicht mehr als zehn Fälle erfasst. Diese Krebsart kannst du dir vorstellen wie einen Naturschwamm, biegsam, mit diffuser Oberfläche. Ein Schwamm, der kleinste Teilchen produziert und in die Lymphe schießt.

Das Lymphsystem durchzieht den ganzen Körper wie ein Verkehrsnetz, mit Destination Herz. Es transportiert Lymphozyten, weiße Blutkörperchen, die der Immunabwehr dienen. Der Krebs verhält sich wie die alten Griechen mit ihrem Trojanischen Pferd – ein hinterlistiger Gegner. Er schleust sich in die Abwehr deines Körpers ein und lässt sich treiben. Wo es ihm gefällt, manifestiert er sich. In meinem Fall waren es die Hoden.

Das Non-Hodgkin-Lymphom lässt sich kaum fassen. Mit den sogenannten Computertomografien, denen Krebspatienten »normalerweise« in einer Mischung aus Angst und Hoffnung entgegenfiebern, war ihm nicht beizukommen. Die Chemos waren wie ein Schuss ins Blaue, prophylaktisch.

Mein Gegner war der große Unsichtbare.

Nicht nur Walter und ich waren vollkommen hilflos – mit Entsetzen begriff ich, dass es den Ärzten, Pflegern und Schwestern nicht viel anders ging.

Zu diesem Zeitpunkt streifte mich zum ersten Mal der Gedanke, die Beziehung mit Walter zu beenden. Wir waren erst ein knappes Jahr zusammen, bislang war alles rosarot gewesen. Wir hatten vier Urlaube geplant. Ich hatte meinem Freund die ganze Welt versprochen, und jetzt fesselte ich ihn an mein Krankenbett. Sollte er mir dabei zusehen, wie mich der Krebs kaputt machte? Dass ich ihn in diesen Tagen nicht vor die Tür setzte, verdankte ich nur meinem unerschütterlichen Glauben an meine eigenen Kräfte.

Noch war ich davon überzeugt, dass ich es schaffen könnte, Manu zu bleiben. Everybody's Darling, ein Sonnyboy, immer zu Späßen aufgelegt und immer offen für die Probleme der anderen. Ich dachte, noch vom Krankenbett aus könnte ich Walter und meine Freunde bei Laune halten. Ich könnte sie den Krebs vergessen machen, der mich auffraß. Die Schmerzen überspielen. Kaschieren, wie mein Körper sich veränderte. Vielleicht war das die Rolle meines Lebens: Ich würde den Gesunden spielen, während ich todkrank war. Ich glaubte wirklich, ich könnte das schaffen.

Wie sehr ich mich täuschte.

Vor der ersten Chemo luden Walter und ich unsere engsten Freunde nach Hause ein. In Köln lassen Jecken jedes Jahr die Korken knallen, wenn der Karneval beginnt, und wir feierten den Chemo-Startschuss. Den Beginn einer Ausnahmezeit.

»Wir verabschieden uns von Manus Schönheit«, schrieben wir auf die Einladung. »Morgen beginnt die Chemo, und heute lassen wir's krachen.«

Alle unsere Freunde kamen. Wir alberten herum, hörten Musik, tranken und redeten. Auf dem Wohnzimmertisch häuften sich die Geschenke: jede Menge Baseballcaps, bunte Mützen und Tücher. Mein Haarersatz. Niemand von uns wusste, was auf uns zukam, aber als wir spät in der Nacht auseinandergingen, waren wir bereit. Walter, meine Freunde und ich. Was auch immer uns bevorstand, wir würden zusammenhalten. Die Stunde null war angebrochen. Jetzt konnte es losgesehen.

Wenige Tage später begriff ich, was echte Schmerzen sind. Man hatte mich zur Knochenmarkentnahme in den Behandlungssaal gerufen. Ich lag auf dem Bauch, und Maria, eine zierliche blonde Ärztin, stand neben der Liege auf Höhe meiner Schulterblätter. Mit einer Art Korkenzieher bemühte sie sich, mir Rückenmark zu entnehmen – und scheiterte immer wieder an meiner Rückenmuskulatur, die sich während des Eingriffs verhärtete. Ich hätte nie gedacht, dass zehn Kilo Muskelmasse dir zum Verhängnis werden können. Bald hielten mich vier Männer an Armen und Beinen fest, damit ich stillhielt. Ich schrie, wenn der Schmerz kam, und ich lachte, wenn er nachließ. Ich schnitt Grimassen, feixte. Ich schrie aus Leibeskräften und ich lachte Tränen. Ich lachte über mich selbst, über den Krebs, über die Ärzte und Schwestern, die um mein Bett standen. Ich lachte über diesen absurden, höllischen Schmerz.

»Wow, ja, gebt mir mehr!«, rief ich, sobald ich wieder Luft bekam.

Als ich mich endlich aufrichten durfte, sah ich, dass die Ärztin sich verstohlen mit dem Ärmel ihres weißen Kittels über die Augen fuhr. Ein Anblick, an den ich mich in den kommenden Wochen und Monaten gewöhnte.

Meine Showeinlage auf dem Behandlungstisch machte im Krankenhaus rasch die Runde.

»Habt ihr von dem Bodybuilder auf der Onkologischen gehört? Der bei der Rückenmarksentnahme gelacht hat? Sie sagen, sein Hund hätte den Krebs gerochen.«

»Krass, oder?«

»Unglaublich.«

Die nächste Prüfung war der zentrale Venenkatheter, der sogenannte ZVK: ein durch eine größere Vene geschobener Kunststoffschlauch, dessen Spitze vor dem rechten Vorhof des Herzens liegt. Das Transportmittel für die Chemoflüssigkeit. Das Schwierige ist, die richtige Vene zu finden. Dazu stochert ein Arzt mit einer ungefähr fünfzehn Zentimeter langen Nadel in deiner Brust herum, bis es blutet. So ähnlich wie bei einer Ölbohrung, dachte ich. Nur bohren sie an deinem Herzen.

Ich weiß noch, wie mir eine junge Krankenschwester die Brust rasierte. »Hilfe, ihr raubt mir die Männlichkeit!«, jammerte ich, und das Mädchen gluckste. Während sie arbeitete, erzählte ich ihr eine Geschichte über die Bedeutsamkeit von Brustbehaarung für einen Mann mit südländischen Wurzeln. Ich unterhielt uns beide, so gut ich konnte, und solange ich scherzte, schwieg meine Angst. Ich spielte den Kasper, und die junge Schwester entspannte sich zusehends. Für einen Augenblick war alles in Ordnung.

Als der Arzt versuchte, den Schlauch einzuführen, wurde meine Muskulatur steinhart. Ich verfluchte die Stunden in der Muckibude, ich hasste mich für meine Disziplin. Siebzehn Mal zog er den Schlauch zurück und wechselte die Nadelspitze aus, die sich bei dem Prozedere verkrümmt hatte. Beim ZVK gibt es keine Betäubung. Wenn dich Schmerz durchzuckt wie ein Stromschlag, musst du die Hand heben oder schreien. Dann ist ein falsches Gefäß getroffen worden.

Ich dachte, ich sterbe.

Am nächsten Tag begann der erste Zyklus. Noch unterschied ich mich von den rund sechzig anderen Patienten der onkologischen Abteilung. Wie sie lief ich morgens in Pantoffeln und Bademantel über den Flur und zog einen Infusionsständer hinter mir her, aber mein Haar war noch voll, und ich hatte Augenbrauen. Noch hatte ich ein Gesicht. »Kennt ihr Natascha schon?«, fragte ich mit Blick auf meine wenig damenhafte neue Begleitung, den riesigen Infusionsständer, an dem die Beutel mit den chemischen Substanzen hingen. »Die Frau macht mir das Leben schwer. Sie ist die reinste Klette.«

Mir wurde die stärkste Chemo verordnet. Man müsste davon ausgehen, dass die nächste Anlaufstelle nach den Hoden das Gehirn sei, erklärten mir die Ärzte. »Wenn Sie das Ding im Kopf haben, können wir nicht mehr viel für Sie tun. Aber wir haben Hoffnung. Sie sind kräftig, austrainiert. Sie können das schaffen! Lassen Sie es uns versuchen.«

»Natürlich!« Ich nickte. »Ich nehme alles.«

Mir war nicht klar, dass Chemo mehr hieß als Haarausfall und Übelkeit. Ich wusste nicht, dass irgendwann der Punkt kommt, an dem du denkst, es ist dieses verdammte radioaktive Zeug, das dich zerstört. Du bist als Gesunder gekommen, und hier machen sie dich kaputt. Ich hatte keine Ahnung.

Nachdem der ZVK gelegt war, bekam ich täglich verschiedene Substanzen verabreicht. Die Ärzte, die auf mein

Zimmer kamen, sahen aus wie Helden aus einem Katastrophenfilm. Weiße Ganzkörperanzüge, Atemmasken und Gummihandschuhe.

»Ein Tropfen verseucht deinen ganzen Organismus«, erklärten sie mir. »Das ist radioaktive Flüssigkeit.«

»Und mir gebt ihr das Zeug in rauen Mengen?«

»Ja, aber du kriegst gleich ein Gegenmittel.«

Eine merkwürdige Vorstellung. Wenn ich die Augen schloss, sah ich, wie es in meinen Adern grün pulsierte. Grünes Leuchten. Hulk. Held meiner Kindheit. Dich hat es stark gemacht, dachte ich, mich macht es kaputt.

Während der Chemo brauchst du Unmengen Flüssigkeit. Natascha jagte mir acht Liter täglich ins Blut, alle drei Minuten musste ich ins Bad und Wasser lassen.

Dazu kam das Cortison. Cortison schütten die Nebennieren aus, wenn Gefahr droht. Wenn einer vor dir ein Messer zückt, wenn ein Auto auf dich zurast oder du in einer Felswand den Tritt verlierst. Cortison versetzt dich in Alarmbereitschaft. Mich hielt es drei Tage und drei Nächte wach. In der dritten fing ich an, Dinge zu sehen, die nicht da waren. Schatten, Lichter, Bewegungen. Ich hörte auch Stimmen. Die Fernbedienung sprach mit mir, der Schrank glotzte mich an. Meine Pupillen waren so groß wie Eidotter. Ich war auf einem Trip, und es war kein guter.

Wenn ich frühmorgens aus dem Zimmer trat, begegnete ich Gespenstern. Bleichen, ausgemergelten Gestalten mit Glatze, die ihren Tropf ausführten. Die Chemo macht alle gleich. Frauen und Männer, alte und junge Menschen. Bald würde ich auch so aussehen.

Heimaturlaub

Nach der Chemo durfte ich für fünf Tage nach Hause. Fünf ganze Tage und Nächte würde alles sein wie früher. Am meisten freute ich mich auf Junior. Als Walter den Schlüssel im Schloss umdrehte, wartete mein Bully bereits im Flur. Junior musste uns an der Art, wie wir die Treppen hinaufstiegen, erkannt haben.

Ich beugte mich zu ihm herunter und ließ ihn an mir schnuppern. Dann geschah etwas, mit dem ich nicht gerechnet hatte. Junior nahm eine Nase voll von meinem Geruch, hielt inne, guckte mich an – und drehte ab. Kein Handabschlecken, kein Freudengeheul, keine Hundeküsschen ... gar nichts. Im ersten Augenblick konnte ich es schlicht nicht glauben. Ich rief und lockte ihn, vergebens.

Erst später habe ich begriffen, warum mein Bully sich so merkwürdig verhielt. Ich roch wie ein Fremder. Der Geruchssinn eines Hundes ist bis zu hundertmal stärker als der eines Menschen. Für ihn muss ich gerochen haben wie eine Atombombe. Giftig und gefährlich. Krank. Vielleicht roch er auch meine Angst. Oder die Schmerzen, die ich durchgestanden hatte. Vielleicht roch er das Desinfektionsmittel, das an den Gummihandschuhen der Ärzte klebte. Die Verzweiflung meines Zimmernachbars, dem während der letzten Tage das schöne dichte Haar ausgegangen war. Oder den Tod. Vielleicht roch mein Hund ja den Tod, der in der Uniklinik umging.

In den folgenden Wochen und Monaten spielte sich jedes Mal die gleiche Szene ab, wenn ich meinen Hund besuchte. Freudig kam er auf mich zu, er roch an mir – und lief davon. Jedes verdammte Mal schnürte es mir die Brust zu.

Als ich zum ersten Mal zu Hause war, fühlte ich mich noch fit und das Verhalten meines Bully erschien mir besonders unverständlich, irgendwie unpassend. Noch konnte ich feiern, und das wollten Walter und ich ausnutzen. Köln beging den Christopher Street Day, und wie jeden Sommer trafen wir unsere Freunde auf den Open-Air-Tanzbühnen in der Innenstadt. Licht, Wärme, coole Rhythmen und Regenbogenfarbenflaggen. Ich liebte dieses Fluidum. Wir feierten den ganzen Tag – und abends machten wir in einem Szeneklub weiter. Alles war wie immer, wenn man von Walters Verhalten einmal absah. Auch unser gemeinsamer Freund Asim verhielt sich merkwürdig.

»Denk an die Infektionsgefahr«, mahnte er jedes Mal, wenn mich einer unserer Freunde zur Begrüßung auf den Mund küsste.

Walter aber sprang auf mich zu, riss mich an sich und küsste mich sekundenlang. »Desinfiziert«, rief er lachend, sobald wir beide danach Atem schöpften. Gewiss sah es aus, als wäre Walter rasend eifersüchtig und besitzergreifend – eine Vorstellung, die mich zum Schmunzeln bringt. Damals war mir sein Verhalten schlicht peinlich. Fragende Blicke von Bekannten, die nichts von meiner Erkrankung wussten, quittierte ich mit Schulterzucken oder Augenrollen. Ich hatte noch immer nicht recht begriffen, dass der Krebs kein Schnupfen war und ich mich schützen musste.

Es gibt allerdings noch eine Szene dieses Abends, die ich nicht vergessen kann: Walter und ich küssten uns auf der Tanzfläche, als er sich plötzlich aus der Umarmung löste.

»Moment …« Er machte ein Gesicht, als hätte er auf ein Stück Zahn gebissen. »Da ist irgendetwas …«, erklärte er.

Schon bevor er mit dem Zeigefinger lauter Barthaare aus seinem Mund fischte, wussten wir beide, was los war. Diesen Augenblick werde ich nie vergessen. Um uns herum war alles in Bewegung. Der Beat ließ den Boden beben und mein Herz klopfte noch von Walters Kuss. Eben noch waren wir uns nah gewesen, und jetzt standen wir einander mit hängenden Armen gegenüber und sahen uns hilflos an.

Unschlüssig rieb ich mir mit der Hand über das Kinn. Dann zupfte ich mir mit einer raschen Bewegung ein ganzes Büschel Barthaar aus.

Walter schüttelte den Kopf. »Tu das nicht«, bat er.

Als ich zu Hause in den Spiegel sah, klaffte ein mehr als Zweieurostück großes Loch in meinem gepflegten Dreitagebart.

Erst viel später erzählte mir Walter, dass ihm dieser Tag auch aus einem anderen Grund in Erinnerung geblieben ist. Während der Vierundzwanzig-Stunden-Party hatten wir eine Menge Fotos geschossen, darunter auch Selfies. Wogende Menschenmengen im gleißenden Licht; die erhitzten, lachenden Gesichter unserer Freunde; Walter und ich in inniger Umarmung. Als Walter die Bilder zu Hause sichtete, fiel ihm auf, wie schmal ich aussah. Unter der Sommerbräune wirkte ich merkwürdig blass und meine Haltung war kraftlos.

Walter war mir den ganzen Tag und die ganze Nacht nicht von der Seite gewichen. Er hatte mich geküsst, mit mir getanzt und gelacht. Aber er hatte keine der Veränderungen an mir wahrgenommen, die ihm auf dem Display geradezu ins Auge sprangen.

Das hatte etwas Gespenstisches. Erst durch das Objektiv der Kamera sah mein Freund die Wirklichkeit. Der Krebs begann mich zu verändern, und wir konnten unsere Augen nicht länger davor verschließen.

Was sich schon bei meinem ersten Besuch zu Hause abzeichnete, wurde mit der Zeit immer deutlicher: Obwohl ich versuchte, es so gut wie möglich auszublenden, wurde ich immer mehr zum Patienten. Ich wurde hilfsbedürftig – und zu Hause waren keine Pfleger, keine Ärzte, niemand, der sich mit meinem Leiden auskannte.

In gewisser Weise war es wie Heimaturlaub: Verwundet kommst du von der Front nach Hause, innerlich und äußerlich versehrt, und weißt, der Krieg ist nicht vorbei. Neben der Tür wartet dein Koffer. Das Glück und die Geborgenheit sind nur geliehen. Solange ich mit dem Krebs kämpfte, würde es für mich kein Zuhause und keine Normalität mehr geben.

Alles hatte sich verändert.

Aplasie

Nachdem ich drei Tage zu Hause auf der Couch gelegen hatte, musste ich zurück in die Uniklinik. Man hatte mir gesagt, während der sogenannten Aplasiephase sei ärztliche Beobachtung unumgänglich. Worte. Ärztelatein. Erst als ich wieder in meinem Krankenbett lag, bekamen sie eine Bedeutung. Die Chemo schadet der Leber und dem Magen. Sie geht auf das Knochenmark, wo die weißen und roten Blutkörperchen gebildet werden. Wird diese Produktion verlangsamt oder angehalten, geht dir buchstäblich die Puste aus. Das Blut wird nicht mehr mit ausreichend Sauerstoff versorgt, dein armes Herz pumpt und pumpt vergeblich, und deine Immunabwehr tendiert gegen null. In dieser Zeit bist du extrem infektionsgefährdet. Eine Erkältung kann dein Tod sein. Alles tut weh, du bist wund von innen.

Während ich begriff, was Aplasie bedeutete, kam ich endlich in der Uniklinik an. Ich wurde Teil dieser neuen Umgebung, gewöhnte mich an die gedämpften Stimmen, die vom Flur ins Zimmer drangen, und an das gelegentliche Weinen aus dem Nachbarbett.

Auch meine Zeitwahrnehmung verschob sich. In der Aplasie dehnen sich die Minuten, Stunden und Tage ins Unendliche. Alles, was du tun kannst, ist warten: warten, bis das Leben in deinen Körper zurückkommt.

»Die Zeit ist einsam und sie ist müde. Sie ist müde, dich zu suchen, und bleibt steh'n«, heißt es in einem Song von Timna Brauer.

Genau so habe ich mich gefühlt. Während der Aplasie war ich in einem Zeitvakuum, an einem Ort, wo der Herzschlag des Lebens aussetzt.

Krähennest

In der Aplasie durfte ich nicht rauchen. Kaum war sie überstanden, vertrieb ich mir die Zeit mit einem altbewährten Trick. In meinem Nachttisch bewahrte ich neben etwas Lesestoff ein Päckchen rote Gauloises auf. Wann immer ich mich stark genug fühlte, steckte ich es in die Tasche meines Morgenmantels und fuhr mit dem Lift ins Erdgeschoss. Vor dem Gebäudeeingang traf ich auf meine neuen Bekannten: Patienten, die sich gegenseitig Feuer gaben und eine Zigarettenlänge plauderten. Manchmal parkten sogar Betten neben der Tür: Angehörige schoben Patienten hinaus, damit sie ein paar Minuten an die Luft kämen. Wenn die Krebsstation ein Schiff wäre, wäre der hüfthohe Aschenbecher neben dem Haupteingang der Klinik der Ausguck im sogenannten Krähennest am Mast. Der Punkt, von dem aus du nach Wochen auf der offenen See einen Flecken Land siehst.

Meine Zigarettenpausen fanden ein jähes Ende, als eine der Schwestern mich auf dem Weg nach draußen anhielt.

»Wo willst du hin?«, fragte sie mit hochgezogenen Augenbrauen.

»Ich geh nur kurz eine rauchen«, antwortete ich leichthin.

Was dann kam, hatte ich nicht erwartet. Die blonde Schwester, mit der ich ausgezeichnet auskam, hielt mir eine ausgewachsene Standpauke.

»Willst du den Krebs füttern, Manu?«, fragte sie streng. »Du kannst es dir nicht leisten, deinen Körper zusätzlich zu schwächen. Du brauchst jedes Quäntchen Kraft.«

Ich weiß nicht, ob es der Ernst in ihren Augen war, ihre Wortwahl oder ihr Tonfall. Sie überzeugte mich sofort. Nach unserer Unterredung habe ich keine Zigarette mehr angerührt – und ich bin froh darüber. Auch Walter war der jungen Frau dankbar, der es gelungen ist, mir in fünf Minuten mein Laster abzugewöhnen.

Von nun an gab es keine kleinen Raucherpausen mehr. Ich hatte begriffen, dass mein Platz auf der Station war. Hier, im sechzehnten Stock der Kölner Uniklinik, entschied sich, ob ich leben würde.

Geschichten leben von Beschreibungen, von Atmosphäre, und ich nehme an, wer mir bis hierher gefolgt ist, wird mich bereitwillig durch den langen Flur der onkologischen Station begleiten. Sie liegt im sechzehnten Stock der Uniklinik.

Ihr Grundriss beschreibt ein großes geschlossenes Rechteck, in der Mitte liegen Fahrstühle und Schwesternzimmer. Die Zimmer sind in einem hellen Ton gehalten – Krankenhausgelb, eine Farbe, die ich nicht mehr sehen kann, ich hasse sie – und die Wände schmücken Patientenbilder. Sie sind hübsch und farbenprächtig. Bäume, Flüsse und Landschaften in zarten Aquarelltönen. Bilder wie Fenster nach draußen, ins Leben, gemalt mit den Farben der Erinnerung.

Auf der Krebsstation anzukommen bedeutet, sich neu zu orientieren, im Außen und im Innen. Dein Denken und Fühlen verändern sich. Plötzlich richtet sich alles an Gegensatzpaaren aus: draußen und drinnen, vorher und nachher, gesund und krank, leben und sterben.

Walter

In dieser Zeit wollte ich Schluss machen. Walter und ich saßen im Aufenthaltsraum neben dem Schwesternzimmer und redeten über seine Arbeit.

»Hör zu, ich kann nicht mehr«, sagte ich unvermittelt. »Ich muss dich verlassen.« Mir war klar geworden, dass ich schon jetzt nicht mehr die Kraft aufbrachte, ihm etwas vorzuspielen. Wie sollte ich ihm Mut machen, ihn trösten? Er war verzweifelt und ich war es auch. Ich konnte nicht mehr für ihn da sein, ihm nicht mehr helfen. Ich konnte niemandem mehr helfen.

Walter schluckte trocken. Er schwieg einen Augenblick. Dann sah er mich an.

»Es ist deine Entscheidung, Manu. Wenn du die Beziehung beenden willst, tu es. Wir trennen uns. Von mir aus.

Aber ich bleibe bei dir. Ich bleibe hier, ich kümmere mich um Junior, ich besuche dich, und ich steh dir bei. Mach, was du willst, Manu. Ich liebe dich. Wenn du dich trennen willst, bleibe ich eben als dein Freund und nicht als Partner. Aber ich bleibe.«

Erstaunt sah ich ihn an. Zum ersten Mal, seit ich ihn kannte, hatte Walter mir mit einem Nein geantwortet. Er war nicht laut geworden, er hatte nicht herumgeschrien oder randaliert – wie ich, wenn ich an seiner Stelle gewesen wäre. Er hatte einfach Nein gesagt.

Jetzt saß er schweigend vor mir, reglos und wartete. Nur seine Hände zitterten ganz leicht in seinem Schoß. Diesen Anblick werde ich nie vergessen.

Ich spürte, dass er recht hatte und dass es so sein würde. Walter würde bis zum Ende bei mir bleiben.

»Ja«, sagte ich langsam. »Ja, ist gut. Wir schaffen das.« Als wir einander umarmten, kamen uns beiden die Tränen.

Von diesem Tag an übernahm mein Liebster viele meiner Aufgaben. Seit Wochen gingen besorgte SMS von Freunden und Bekannten auf meinem Handy ein. Wenn ich nicht reagierte, wuchs die Sorge – in manchen Fällen auch das Unverständnis. Also ließen sie weitere Nachrichten folgen. Nach und nach füllte sich mein Handy-Postfach mit ungelesenen Nachrichten.

Jetzt antwortete Walter meinen Freunden und postete auf Facebook, wie es mir ging. Er bat für mich um Verständnis, wenn ich aus Erschöpfung schwieg.

»Manu lässt euch grüßen. Er ist zu schwach, um Eure SMS zu beantworten. Er ist sehr schwach, aber das ist ganz normal.«

Walter war, was man einen Fels in der Brandung nennt. Er pendelte jetzt wochenweise zwischen Wien und Köln. Wenn er in Wien war, kümmerte sich eine Nachbarin um Junior.

Wenn er hier war, versorgte er Junior, und dreimal am Tag war er bei mir. Morgens, mittags und abends kam er zu mir. Er zog sein Hemd aus, faltete es ordentlich zusammen, legte es ans Fußende meines Krankenbettes und kroch zu mir unter die gestärkten weißen Laken. Dann nahm er meine Hand. Ohne seine Wärme hätte ich vielleicht nicht durchgehalten. Walter hat mit mir gelacht, er hat mit mir geweint, aber kein einziges Mal hat er mir das Gefühl gegeben, ich hätte mich verändert. Wenn er da war, sah ich mich mit anderen Augen. In seinem Blick lebte der Manu, der ich gewesen war, bevor der Krebs kam. Ich schwöre, Walter sah mich verliebt an, als meine Muskeln schon so weich wie Gummi waren. Als ich grün und gelb im Gesicht war und meine Iris die Farbe von Galle annahm.

Erst lange nach meiner Entlassung hat Walter mir erzählt, wie er sich damals fühlte. Erst dann fand er Worte für die Angst, die an ihm nagte. Walter hatte es nicht für möglich gehalten, dass ich je wieder so aussehen würde wie der Mann, in den er sich verliebt hatte. Wenn er bei mir war, ließ er sich nichts anmerken, aber zu Hause beschwor er die Erinnerung wie den letzten Verbündeten in einem aussichtslosen Kampf.

»Stell dir vor«, gestand er, »einmal hab ich mit Tränen in den Augen Fotos im ganzen Schlafzimmer verteilt. Ich habe Bilder von uns ausgestreut wie Rosenblätter vor der Hochzeitsnacht. Ich habe dem Verlust deiner Schönheit drei Tage nachgetrauert. Danach hatte ich es verdaut und konnte damit umgehen.«

Die Aufnahmen waren während eines unserer letzten unbeschwerten Ausflüge entstanden. Sie stammten von der Hochzeit eines befreundeten Paares in Österreich. Aufnahmen von der romantischen Trauung unserer Freunde im Salzburger Marmorsaal und der anschließenden Feier in einem kleinen Landgasthof im Städtchen Saalfelden; Bilder, die Walter aus dem Fenster des roten Renaults seiner Mutter gemacht hatte, mit dem wir unterwegs waren. Der Rückweg führte über Serpentinen durch die Gebirgsausläufer der Berchtesgadener Alpen. Gepflegte Bauernhöfe, Rinderherden, Blumenwiesen. Apfel- und Birnbäume in ihrer Blüte.

Ich erinnere mich noch an den Blick, mit dem Walter mich ansah, während ich den Wagen über die Höhenstraße lenkte.

»Weißt du eigentlich, warum ich so in dich verliebt bin?«, fragte er.

»Warum denn?«, fragte ich artig zurück.

»Weil du so ein markantes Kinn hast. Und wegen deines verwegenen Dreitagebarts. Vielleicht sind es aber auch deine perfekten kleinen Öhrchen.«

Ich grinste. »So?«

»Ja – manchmal weiß ich nicht, ob du mich mehr an Monchichi oder General Thade erinnerst, den Bösewicht aus ›Planet der Affen‹.«

»Du nennst mich einen Affen?«, rief ich mit gespielter Entrüstung.

»Ja«, er nickte. »Ich habe den schönsten Mann der Welt!«

Diese kleine Szene erzählt von nichts anderem als Leidenschaft. Walter und ich waren leidenschaftlich verliebt. Knistern, Funkensprühen, Hitzewallung und so weiter. Das ganze Programm.

Meine Erkrankung kam wie ein plötzlicher Wintereinbruch.

Tagsüber kämpften Walter und ich um mein Leben, und wenn er alleine war, stocherte er in der kalten Asche unserer Leidenschaft nach einem Funken Glut.
Ich habe vor allem für ihn gekämpft. Für Walter, für meinen kleinen Hund, für meine Familie und meine Freunde. Und auch für Tani. Tatjana Lammertz, den Engel in Schwesterntracht.

Tatjana

Es ging mir ziemlich schlecht, ach was, beschissen, als ein Engel durch mein Zimmer ging. Ich hoffe, diese Formulierung gefällt Tani – sie hat nämlich Sinn fürs Spirituelle.

Ich lag in Erwartung der zweiten Chemo in meinem Krankenzimmer, als es energisch an der Tür klopfte. Man hatte mir gesagt, dass an diesem Tag eine Schwester mit mir sprechen wolle. Sie leitete die Forschungsstudien auf der onkologischen Station und wollte meinen Fall dokumentieren. Schließlich hatte ich nicht irgendeinen x-beliebigen Hodenkrebs, mein Lymphom war etwas ganz Besonderes. Darüber hinaus suchte sie Krebspatienten, die an einer Medikamententestung zur Vermeidung von Gürtelrosen teilnahmen.

Es klopfte also, ich rief, so laut ich konnte: »*Pronto*«, und eine hübsche Blondine streckte den Kopf zur Tür herein. Als sie mich sah, fiel ihr das unverbindliche Lächeln aus dem Gesicht und machte einer schnellen Abfolge von Gefühlen Platz, einem richtigen Gefühlsgewitter: Entsetzen, Freude, Kummer und Zuversicht. Zögernd trat sie näher, legte die Hand auf meinen Arm und lächelte. Die schöne, groß gewachsene Frau in Weiß war Tani. Ich kannte sie aus besseren Zeiten. Wir hatten gemeinsame Freunde, und ein-

Herzensbrecher

Strecke Hamburg–Köln, Junior, neun Wochen alt, Oktober 2010

Ich nenne dich Junior.

Remscheid, November 2010

Schwerelos

Salzburg, September 2012, nach der Hochzeit in Saalfelden

Glücklich

Saalfelden, September 2012, mit Walter
© Maria Gaspar Photography

Walter, Junior und ich

Köln, 2012

Ich bleib bei dir.

Uniklinik Köln, Sommer 2013, mit Walter

Im Behandlungsraum

Uniklinik Köln, Sommer 2013

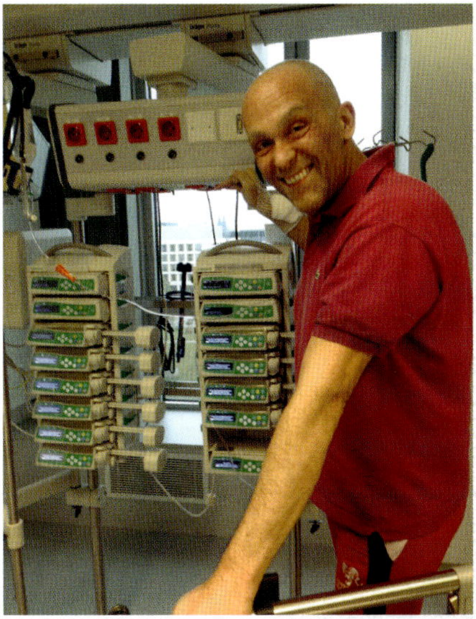

Freunde

Uniklinik Köln, Sommer 2013, mit Helmut

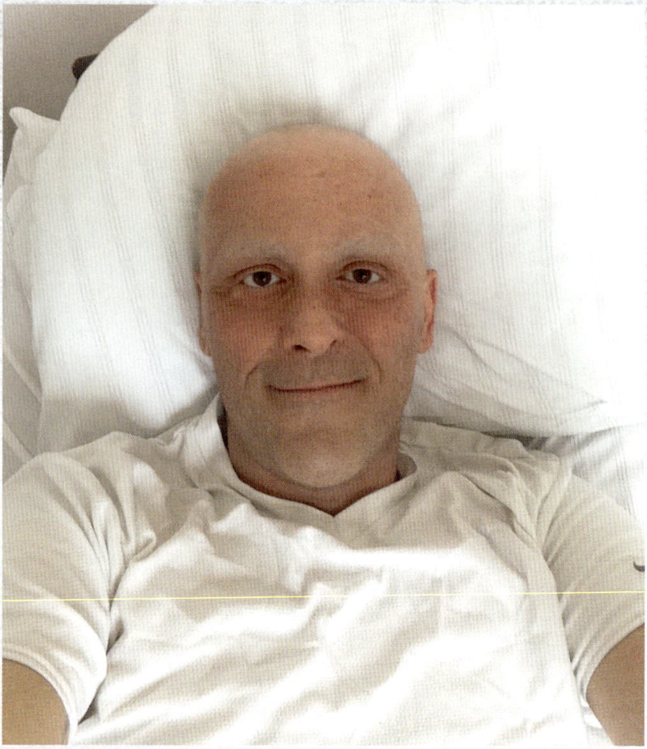

Aushalten

Uniklinik Köln, Sommer 2013

Facetime

Uniklinik Köln – unsere Wohnung,
Sommer 2013

Natascha und ich

Uniklinik Köln, Sommer 2013

Es wird alles gut.

Uniklinik Köln, Sommer 2013,
mit meiner Mutter

Lebensretter

Unsere Wohnung in Köln, Sommer 2013,
während der Chemotherapie

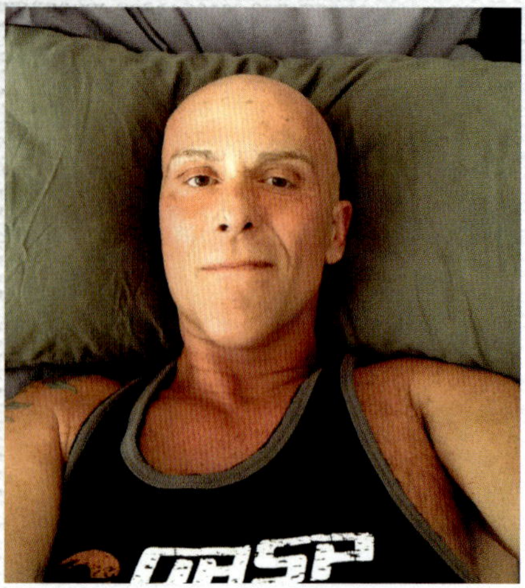

Unsere Wohnung in Köln, Sommer 2013

Abschied von Natascha

Uniklinik Köln, Oktober 2013, mit Frank

Unterwegs in den Thurgau,
Frühjahr 2014

Durchatmen

Thurgau, Sommer 2014, mit Junior

Wellnessoase

Thurgau, Sommer 2014, mit Junior

Café Rico in Köln, Februar 2015, mit Junior

Sommerfest im »Fressnapf«, Hundeladen in Köln-Dellbrück, 2015

Say something.
Köln, März 2016, mit Junior

You raise me up.
Unsere Kölner Wohnung, Frühjahr 2016, mit Junior

Jetzt wird gesungen.
Köln, Sommer 2015

mal hatten wir mit ein paar anderen einen Städtetrip nach Amsterdam gemacht.

»Was machst du denn hier?«, fragte sie sanft, mit jenem leisen mütterlichen Tonfall, der dir im Nullkommanichts die Tränen in die Augen treibt.

»Tja«, zuckte ich mit den Schultern, während ich mich in den Laken aufrichtete und an einem Lächeln versuchte. »Ich versteh es selbst nicht …«

Von diesem Tag an blieb Tani an meiner Seite. Ich war der erste ihrer Freunde, den sie als Kranken wiedersah. Obwohl sie achtzehn Jahre lang auf der Intensivstation gearbeitet hatte, wo der Tod sozusagen zum Geschäft gehört, litt sie mit mir. Tani begleitete mich zu jeder Untersuchung, sie hielt mich fest, wenn die Ärzte mir den ZVK legten, sie streichelte mir während der Lumbalpunktion über die Stirn, und manchmal küsste sie mich mitten auf den Mund.

Tani war wie ein Zwischenwesen. Sie kannte den Tod und das Leben. In dieser verrückten albtraumhaften Welt der Krebsstation bewegte sie sich vollkommen furchtlos, wie selbstverständlich. In aller Frühe, wenn die ganze Klinik schlief, öffnete sie leise die Tür, setzte sich an mein Bett und vertrieb die Dämonen der Nacht. Ihr gegenüber konnte ich frei reden – in aller Offenheit – und genauso hielt sie es mit mir.

»Tani, kannst du mir sagen, was auf mich zukommt?«, bat ich sie vor Beginn des zweiten Zyklus. Zu diesem Zeitpunkt war mein Haar noch dicht, ich hatte Gewicht verloren, aber noch kein Wasser eingelagert. Noch ähnelte ich dem Manu, der ich vor der Einweisung gewesen war.

»Was auf dich zukommt?« Sie schwieg einen Augenblick. »Hör zu, Manu, du wirst Federn lassen. Nach der

Hälfte der Chemo willst du abbrechen. Aber du hast keine Wahl, also machst du weiter. Am Ende sitzt du bei dir zu Hause auf der Couch und denkst, bis zur Toilette ist es eine Weltreise.«

Ich nickte ihr zu. »Danke, Tani.«

Auf der Onkologischen sind Beschönigungen wertlos. Du bist vollkommen ausgeliefert – alles, was dir bleibt, ist das Vertrauen in Ärzte, Pfleger und Schwestern. Du bist ohnehin nicht mehr du selbst, und wenn sie dich anlügen, nehmen sie dir den letzten Rest Würde. Tani hatte das begriffen.

Sie begriff ohnehin viel mehr als andere. Auch dass Junior den Krebs gerochen hatte, wunderte sie nicht, anders als die meisten Ärzte.

»Wusstest du nicht, dass Hunde bei Diabetes eingesetzt werden? Sie riechen es, wenn du unter- oder überzuckert bist. Es gibt Diabetikerwarnhunde, so wie es Blindenhunde gibt. Eltern schicken sie mit ihren Kindern in den Kindergarten oder in die Grundschule, um sicherzugehen, dass sie immer rechtzeitig versorgt werden.«

Auch mich erstaunte es nicht im Geringsten, dass Juniors Nase mich rettete.

Hunde sehen fünfmal weniger scharf als der Mensch, und ihr Farbspektrum ist ziemlich eingeschränkt. Dafür riechen sie sozusagen in Farbe – in feinsten Schattierungen und Nuancen. Stell dir vor, du könntest rund tausend Gerüche unterscheiden. Eine Fülle von Informationen, eine kaleidoskopische Welt des Geruchs. Deine Nase in den Wind halten wäre wie Zeitunglesen; an jeder Laterne gäbe es kostenlos die »Latest News«; wer wo wann war, wie er sich dabei fühlte und welche Nachricht er hinterlassen hat.

Du wüsstest, wie ein Feind riecht und wie ein Freund, wie die Lust riecht und wie die Müdigkeit, die Angst und die Freude, Geburt und Tod. Würdest du deinen besten Freund nicht auch – wenn ich so sagen darf – mit der Nase darauf stupsen, wenn etwas mit ihm nicht stimmt? Ich glaube, viele von Juniors Artgenossen könnten das auch, ob Rottweiler oder Chihuahua, Collie oder Promenadenmischung.

Tani war es auch, die mir sagte, ich müsse künftig aufpassen. Ich dürfe Junior nicht zu oft sehen.

»Während der Chemo kann dir jeder Keim gefährlich werden«, erklärte sie. »Jetzt musst du auf dich aufpassen – damit du Junior später wiedersiehst! Wenn alles vorbei ist.«

Ich habe ihren Rat befolgt – so gut es eben ging.

Natürlich konnte ich nicht ganz darauf verzichten, meinen Hund zu sehen. Nach den Chemozyklen fuhr ich zu ihm nach Hause, und wenn die Sehnsucht zwischendrin zu groß wurde, traf ich meinen Bully in der Tiefgarage. Das mag komisch klingen – in Krimis triffst du deinen Killer oder Lösegelderpresser im Parkhaus –, aber es war in erster Linie traurig. Wenn Junior im Auto saß und wartete, fuhren Walter, Natascha und ich mit dem Aufzug ins Untergeschoss der Klinik, wo das Parkhaus war. Mein Freund lief zum Auto und öffnete meinem Bully die Tür. Junior sprang vom Sitz, sah mich und lief freudig zwischen den parkenden Wagen auf mich zu. Dann passierte, was ich schon von zu Hause kannte, in der immer gleichen Reihenfolge. Er roch an mir, warf mir einen Blick zu, der nach Enttäuschung aussah, und wandte sich ab. Für mich war es trotzdem wichtig. Ich musste sehen, dass es Junior gut ging.

Mutterliebe

Bevor der zweite Chemozyklus begann, rief ich zu Hause an, in Luxemburg. Tani und Walter hatten tagelang auf mich eingeredet.

»Du kannst es ihnen nicht verschweigen, Manu. Sie sind deine Eltern!«

Ich wusste, dass sie recht hatten, obwohl sich alles in mir gegen diesen Anruf wehrte.

Als meine Mutter mit mir schwanger gewesen war, verlor sie vier Menschen, die sie liebte. Ihre Eltern und die meines Vaters. Sie war im sechsten Monat, als beide Paare innerhalb von vierzehn Tagen bei einem fast identischen Autounfall ums Leben kamen.

Mama und Papa haben nie mit dem Schicksal gehadert, sie haben sich nie aufgelehnt. Sie nehmen das Leben mit allen Prüfungen als gottgegeben hin, eine Haltung, für die ich sie sehr liebe. Auch über dem Verlust ihrer Eltern vergaßen sie nicht die Dankbarkeit über das neue Leben, das mit mir zu ihnen kam.

Während meiner Geburt wickelte sich die Nabelschnur um meinen Hals. Als mich der Arzt mit einer Zange aus dem Bauch meiner Mutter holte, war ich grün und blau. Mein Herz hatte aufgehört zu schlagen. Sekundenlang wurde ich beatmet, ein kleiner Körper im Niemandsland zwischen ungeborenem Leben und Tod. Was meine Mutter damals fühlte, weiß nur sie allein. Mutterliebe kannst du nicht ermessen. Ich ahne, dass diese Sekunden die längsten in ihrem Leben waren.

Dann holte ich endlich Luft. Die Würfel waren gefallen: Meine Mutter wusste, ihr Kind würde leben.

Ich war schon erwachsen, als ich erfuhr, dass der behandelnde Arzt damals bleibende Schäden diagnostiziert hatte.

»Die Sauerstoffzufuhr war zu lange unterbrochen«, erklärte er meiner erschöpften Mutter. »Es tut mir leid, aber Ihr Sohn wird wahrscheinlich nie sprechen und laufen lernen.«

Dem Arzt zufolge würde ich wie ein schwaches Pflänzchen dahindämmern und irgendwann wieder vergehen. Meine Mutter hat nie an diese Diagnose geglaubt – und doch hing sie in meinen ersten Lebensjahren wie ein Damoklesschwert über meiner Familie.

Meine Eltern haben mich umso mehr geliebt. Sie überschütteten mich mit Liebe.

Jede Mutter ist stolz, wenn ihr Kind sich zum ersten Mal am Bettrand hochzieht, wenn es anfängt zu sprechen und die ersten Schritte tut.

Bevor ich richtig sprechen lernte, malte ich mit bunten Kreidestiften. Heute liegen alle Bilder aus meinen ersten drei Lebensjahren in meinem Elternhaus in Luxemburg in einem altmodischen Safe im Wohnzimmer, neben dem Goldschmuck und den Perlen meiner Großmütter. Ich glaube, für meine Mutter war jede noch so kleine Äußerung von mir wie ein Geschenk. Immer war ihrer Freude etwas Zartes beigemischt, Wehmut oder Dankbarkeit.

Vielleicht ist diese Vorgeschichte schuld daran, dass es mir schwerfiel, ihr von meiner Krankheit zu erzählen. Die Nachricht würde an alte Wunden rühren – und ich wusste, sie würde meinen Kampf sofort zu ihrem machen. Ich hätte alles dafür gegeben, ihr das zu ersparen.

Falls ich irgendeine dumme Hoffnung gehegt hatte, dass nach der ersten Chemo ein Arzt käme und sagen würde, all das sei Humbug, der Krebs sei bereits beseitigt und ich könnte nach Hause gehen, war sie jetzt zunichte. Monatelang würde die Therapie mein Leben bestimmen, und es wäre unmöglich, meinen Eltern etwas vorzuspielen.

Also schrieb ich meinem Vater eine SMS:

»Papa, ich muss mit dir reden. Meldest du dich, wenn du einen Moment Zeit hast? Und bitte sieh zu, dass Mama nicht dabei ist. Danke, dein Manu.«

Sein Anruf ließ nicht lange auf sich warten. Mein Vater reagierte genau so, wie ich es erwartet hatte; im ersten Augenblick verdrängte der Ärger die Angst.

»Warum hast du uns nichts gesagt?« Er klang aufgebracht. »Du sagst uns, alles wäre bestens, und kaum hast du aufgelegt, gehst du zur Chemo? Ich kann das einfach nicht verstehen.«

»Ich wollte nicht, dass ihr euch Sorgen macht«, sagte ich – und hörte selbst, wie schwach das klang.

»So ein Unsinn! Hör mal, wenn du Kinder hast, machst du dir immer Sorgen, ein Leben lang. So ist das eben.«

Ich nickte tonlos. Ja, er hatte recht.

»Hör mal, mein Sohn ...«

»Ja?«

»Wir sind immer für dich da gewesen, und wir wollen es auch weiter sein. Du bist unser Kind. Du musst Vertrauen haben.«

»Ja, das hab ich. Bringst du es Mama schonend bei?«

Als ich auflegte, war ich vollkommen fertig. Während ich meinem Vater von der Krankheit erzählte, hatte sich etwas in mir verändert. Sogar aus seiner Wut hatte Liebe gesprochen.

Das war wie früher: Du wirst ungerecht behandelt, bist tapfer, steckst es weg und kommst nach Hause. Sofort spüren deine Eltern, dass etwas nicht stimmt. Du erzählst ihnen, was dir widerfahren ist, und schon nach einem halben Satz fließen die Tränen. In ihrer Obhut darfst du schwach sein –, und du bist es auch –, du bist sogar entsetzlich schwach. Die ganze Tapferkeit ist dahin. So ist das mit der elterlichen Liebe.

Mama rief zwei Stunden später an. Meine Mutter ist sehr emotional, eine Kleinigkeit lässt sie in Tränen ausbrechen. An diesem Tag war ich es, der schluchzte.

»Mein Schatz«, ihre Stimme klang sanft, es war, als würde sie mich streicheln, »mach dir keine Sorgen. Gut, dass du es jetzt gesagt hast. Es wird alles gut.«

Zwei Tage später waren sie bei mir im Krankenhaus – und jetzt kam der Zusammenbruch, mit dem ich insgeheim gerechnet hatte. Nachdem sie mich umarmt hatte, durchmaß Mama das Krankenzimmer. Sie roch an den Bettlaken, sie prüfte den Staub in den Zimmerecken und inspizierte das Waschbecken. Offenbar stellte sie das Ergebnis ihrer Besichtigung nicht zufrieden. Wortlos marschierte sie aus dem Zimmer und lief den Flur entlang – bis sie eine Ärztin fand, die gerade ihre Visite machte. Minuten später saßen Mama, Papa, Tani und ich mit der Medizinerin im Sprechzimmer.

Jetzt brach es aus meiner Mutter heraus. Sie fand das Krankenzimmer nicht steril genug, ihr Sohn war hier nicht gut versorgt. Ich saß da, Natascha piepste, meine Mutter weinte und zitterte und mein Vater redete auf Italienisch auf sie ein. Wenn Mama eine Pause machte, um nach Luft zu schnappen, versuchte ich vergeblich, ihren französisch-portugiesisch-deutschen Wortschwall in eine Form zu gießen, die dem Kölner Gegenüber entgegenkam.

»Sie fragt sich einfach, ob die Betten auch oft genug gemacht werden«, versuchte ich möglichst neutral zu vermitteln, während meine Mutter neben mir den Zorn der Götter entfesselte.

Die Ärztin sah von ihr zu mir und suchte nach einer passenden Erwiderung. Nach einer Antwort, die sachlich war, die aber auch die Tränen meiner Mutter zum Versiegen bringen, ihre Angst besänftigen könnte. Mama war übrigens nicht die Einzige, die Tempo-Taschentücher brauchte, auch Tani weinte.

Im Grunde hätte Mama auch Arabisch sprechen können – sie brauchte keinen Dolmetscher. Jeder von uns begriff, worum es ging.

Was hier in Tränen ausbrach, war die Mutterliebe. Und dafür gab es keine passende Entgegnung. Kein Desinfektionsmittel der Welt war dafür stark genug.

Gewitter reinigen die Luft – und nachdem meine Mutter sich beruhigt hatte, entspannte sie sich zusehends. Sie hatte begriffen, dass man sie mit ihrer Sorge ernst nahm und dass man alles tat, um ihren Sohn gesund zu machen. Natürlich wachte sie trotzdem mit Argusaugen über meine Versorgung …

Von diesem Tag an waren sie und Papa für mich da. Sie nahmen den Kampf gegen den Krebs mit allen Mitteln auf, die ihnen zur Verfügung standen. Sie beteten. Sie flogen um die halbe Welt und kamen mit einem teuren Kraut zurück nach Köln, mit einer seltenen Heilpflanze oder einem Tee aus der mittelalterlichen Heilküche, gebraut nach Originalrezept. Bevor ich ihre Mittel zu mir nahm, musste ich sie einem Arzt aushändigen – der Wirkstoff durfte die Chemo nicht beeinträchtigen.

Meine Eltern gaben viel Geld aus, und ich nahm alles, was ich nehmen durfte. In jedem Kräutlein steckte ihre Liebe.

Mama war bald stationsbekannt. Wenn sie mich besuchen kam, liefen Patienten, Pfleger und Schwestern auf dem Flur zusammen, um sie zu begrüßen – und nicht ein einziges Mal kam sie mit leeren Händen. In ihrem Korb verbargen sich selbst gebackener Zitronenkuchen, pastellfarbene Éclairs, Kräuterpesto oder eingekochte Marmelade. Ich glaube, nicht nur für mich waren die Fresskörbe meiner Mutter etwas Besonderes. Auf einer Krebsstation sind Zitronenduft und Zimtaroma wie ein Gruß aus einer anderen Zeit. Aus einem anderen Leben. Ich schwöre, ein Bissen von Mamas Kuchen tat Wunder. Du musstest nur die Augen schließen, während die Süße auf deiner Zunge zerging. Schon warst du einen Augenblick geborgen.

Famir

Es wird Zeit, auch jenen Menschen, die mit mir auf der Station lagen, ein Gesicht zu geben. Als ich ankam, waren sie mir fremd, aber heute denke ich an sie als Freunde.

An anderer Stelle habe ich die Krebsstation mit einem Schiff verglichen. Eine in sich abgeschlossene Welt mit eigenen Gesetzen, einer eigenen Zeit. Man könnte den Vergleich sogar noch weiter treiben: Da ist die Crew, dort sind die Gäste. Und dann gibt es noch die Unsichtbaren, die alles am Laufen halten. Die Hoffnung und den Überlebenswillen. Oft toben Stürme, aber manchmal ist das Fahrwasser auch ruhig. Du bist auf offener See – aber du bist nicht allein.

Famir mochte ich besonders. Mein Zimmernachbar war ein zarter Mann mit olivfarbenem Teint, Muslim und schwul. Seine Eltern sahen im Krebs die göttliche Strafe für seine Liebe zu Männern. Famir war die Einsamkeit schlechthin, und ich habe ihn sehr gemocht.

Auf der Krebsstation siehst du den Menschen in seiner ganzen Zerbrechlichkeit. Und in seiner Schönheit. Das ist schwer zu erklären, aber mir ist während der Zeit auf der Onkologischen viel Schönes begegnet. Im Moment der größten Ohnmacht, zwischen Leben und Tod, bist du fast aller Freiheiten beraubt. Du kannst nicht mehr entscheiden, wohin du gehst, was du anziehst oder wie du dir das Haar frisierst. Was du mittags essen möchtest. Wer dich anfassen darf und wer nicht. Aber in zwei Fragen kannst du noch immer wählen. Du kannst aufhören oder weitermachen. Und du kannst freundlich bleiben – oder bitter werden. Du entscheidest selbst, ob du ein Mensch bleibst bis zum Schluss. Ob du weiterliebst.

Famir und alle anderen Frauen und Männer, die ich auf der Onkologischen Station kennenlernte, blieben freundlich und zugewandt. Auch in den schwersten Stunden haben wir gelacht. Auf der Krebsstation kursierte ein Humor, den du in der Welt draußen kaum antriffst.

Famir setzte sich zum Beispiel mittags im Bett auf und sah mich herausfordernd an.

»Wie oft hast du heute schon gekotzt?«, fragte er interessiert.

»Zweimal. Und du?«

»Einmal.«

Ich grinste. »Ha – gewonnen!«

Wenn wir nicht schlafen konnten, schmissen wir Zimmerpartys mit anderen Patienten, spielten stundenlang Karten oder – kifften. Das sanfte Kraut tat uns gut, und während wir den Rauch in vollkommenen Kringeln in das Abluftgebläse in der Decke des Bades bliesen, kicherten wir wie die Schuljungen. Erst balancierte Famir auf einem Plastikstuhl, den ich stabilisierte. Dann tauschten wir die Plätze. Die Fenster der Krebsabteilung im sechzehnten Stock der Kölner Uniklinik sind versiegelt. Es war vorgekommen, dass sich Patienten in den Tod gestürzt haben, um den Qualen der Chemotherapie zu entgehen. Famir und ich wussten, dass es zu unserem Besten war, aber manchmal kamen wir uns vor wie auf einer Geschlossenen. Umso kostbarer waren unsere kleinen Fluchten.

Auf der Krebsstation ist Zeit eine relative Größe, aber wir wussten zumindest immer, wann wir bedenkenlos kiffen konnten. Uns blieb ein Zeitfenster von einer Stunde, bevor die Krankenpfleger und -schwestern ihre nächste Runde machen würden und den Geruch entdeckten. Eine Schwester, die wir ins Vertrauen gezogen hatten, erklärte abgebrüht: »Macht, was ihr wollt, aber lasst euch auf keinen Fall erwischen!«

Unvergessen ist auch der Abend, als in Köln das Fest der Lichter gefeiert wurde. Famir und ich hatten uns in ein freies Zimmer im obersten Stock der Uniklinik zurückgezogen und bewunderten das Feuerwerk aus dem Fenster. Tausend Lichter glommen am Nachthimmel auf und verloschen wieder. In diesen Momenten habe ich nicht an den Krebs gedacht. Famir und ich waren Freunde. Wir hatten einen Logenplatz ergattert, und es war beinahe, als würde das Spektakel nur für uns stattfinden.

Loveparade

In der ersten Zeit bekam ich im Krankenhaus oft Besuch. An einem Sonntag zählte die diensthabende Schwester dreißig Männer: Freunde, die mit Pralinen, Blumen und Wohlfühltees in meinem Krankenzimmer auftauchten. Der Renner unter den »Krebsgeschenken« blieb allerdings die Baseballcap. Mit meinem Arsenal hätte ich den ganzen Flur ausstatten können. Meine Freunde bevölkerten das Krankenzimmer, sie saßen auf dem Fenstersims, auf dem Boden und an meinem Bett, manche legten sich eine Weile neben mich. Sie redeten und schwiegen, lachten und weinten. Sie fassten mich an, sie strichen über meinen Kopf und hielten meine Hand. Ich begriff, dass es ihnen guttat, mich zu berühren. In der Szene weiß man, was Verlust bedeutet, und man hält zusammen. Fast jeder hat Freunde, die nach einer anhaltenden Depression den Freitod gewählt haben oder an den Folgen eines Drogenexzesses zugrunde gegangen sind. Unsere Geschichte ist mit viel Leid verbunden: Misstrauen, Zurückweisung, Missachtung und Schmerz. Einige von uns haben mit ihren Familien gebrochen, aber unsere Freundschaften sind unerschütterlich. Ich fand, dass ich es meinen Freunden schuldig war zu kämpfen – und zu feiern.

Wir feierten Feste, bis mir die Kraft ausging. Famir und meine späteren Zimmernachbarn haben das genossen. Sie wurden miteinbezogen, beschenkt und aufgemuntert. In gewisser Weise wurde sonntags auf der Krebsstation der Kölner Uniklinik die Loveparade in Moll gefeiert.

Von diesen Zusammenkünften gibt es ein Foto, das so traurig und so schön ist, dass es mir den Atem raubt. Fünf Männer um die vierzig strahlen in die Kamera. Ich liege auf einem Sofa – die Aufnahme muss während eines der kurzen Aufenthalte zu Hause entstanden sein – und bin umringt von Freunden. Erst auf den zweiten Blick erkennt man, dass etwas nicht stimmt. Ich trage eine Baseballcap mit buntem Aufdruck. Die unnatürliche Farbe meiner Haut ist mit Make-up übertüncht. Meine Augenbrauen würden der Dietrich Ehre machen: ein schön geschwungener, entschiedener Strich, mit Eyeliner gezogen. Meine Lippen sind rot bemalt, Rouge färbt meine Wangen. Meine Freunde haben sich Mühe gegeben. Ich bin keine Dragqueen, sondern ein Krebskranker. Sie haben mich schön gemacht: etwas Farbe in mein blasses Gesicht gebracht. Ich lächele, ich strahle in die Kamera wie eine Tausend-Watt-Birne, aber die Angst ist da, in meinen Augen.

Damals habe ich begriffen, wie wichtig Rituale sind. Nicht immer hat es mir Spaß gemacht zu lächeln. Nicht immer ist es mir gelungen. Aber immer habe ich es versucht, für die anderen und für mich selbst. Für das Leben.

Don Quijote

Einmal wollte Famir aufgeben.

Ich weiß nicht mehr, in welchem Zyklus, aber es war während der Aplasiephase. Wir beide kämpften mit einer fiesen Entzündung der Schleimhäute. Wenn du Mukositis hast, wird jede Mahlzeit zu einem Kraftakt. Deine Mundhöhle ist eine einzige pochende Wunde. Schon der Anblick eines Tellers Nudeln macht dir Angst.

In dieser Phase hörte Famir auf zu essen. Er rührte das Tablett nicht an, das die Schwester vor ihn hinstellte, und wenn er darauf angesprochen wurde, schüttelte er nur stumm den Kopf. Mein Zimmernachbar trank auch nicht – Flüssigkeit bekam er intravenös verabreicht. So würde er nicht lange durchhalten.

In ihrer Sorge wandte sich die behandelnde Ärztin an mich.

»Du hast so viel Kraft, Manu. Und Famir darf jetzt nicht den Mut verlieren. Er muss essen.«

»Ja.« Ich nickte.

Von diesem Tag an zerstampfte ich mit Feuereifer meine Nudeln. Während ich meine Fleischportion pürierte, leckte ich mir genüsslich über die wunden Lippen. Ich spielte Hunger haben. Appetit verspüren. Noch nie war mir eine Inszenierung so schwergefallen.

»Sieh mal, Famir, ich wette, dieses arme Hühnchen landet heute noch in meinem Bauch. Komm schon: Wettessen! Machst du mit? Oder gibst du etwa auf, du Flasche?«

Anfangs ignorierte Famir mein Getue, aber irgendwann, nach ein, zwei Tagen, riss er sich zusammen. Er wusste, dass meine Chemo sehr viel aggressiver war als seine. Wenn ich es schaffte, durfte er nicht schwächeln – schließlich war Famir ein ganzer Mann.

Als die Ärztin sah, was ich erreicht hatte, rief sie mich ins Sprechzimmer. »Was meinst du – hilfst du uns ein bisschen? Wir haben immer wieder diese Fälle – eine sanfte Art, sich umzubringen.«

Ich nickte zögernd. »Gerne, aber wie?«

»Indem du mit ihnen sprichst. Lach mit ihnen, erzähl ihnen von deinem Hund – ach, was weiß ich. Du bist für viele hier ein Vorbild. Das können wir uns zunutze machen.«

In den folgenden Wochen und Monaten habe ich immer wieder den starken Mann markiert. Ich habe herumgekaspert, wenn mir zum Weinen war. Dabei verhalf ich auch meinem treuen Infusionsständer zu einiger Bekanntheit: »Natascha« und ich wurden ein komisches Gespann. Sancho Panza und Don Quijote, der Ritter von der traurigen Gestalt. Manchmal ging ich derart in meiner Rolle auf, dass ich vor mir selbst erschrak, wenn ich mich im Spiegel sah. Eigentlich erschrak ich jedes Mal, wenn ich mich sah.

Famir hat es geschafft. Er hat den Krebs besiegt, und ich hoffe, dass er auch diesen dummen Satz vergessen hat: »Der Krebs ist deine Strafe.«

Der Krebs ist niemandes Strafe. Er ist eine gemeine, heimtückische Krankheit, und er verdient einen Tritt in den Arsch.

Ich hoffe, Famir ist glücklich. Er hat es tausendmal verdient.

Freundschaftsdienst

Während meiner Zeit im Krankenhaus spielten meine Freunde und ich ein merkwürdiges Spiel, bei dem keiner gewinnen konnte. Ich versuchte, meinen Schmerz vor ihnen zu verbergen und sie ihren vor mir. Das gelang mal besser und mal schlechter, je nach Tagesform.

Nur mein Freund Asim schied regelmäßig nach nur zwei Sekunden aus. Wir kennen uns schon lange, und sooft es sich einrichten ließ, kam er mich besuchen. Asim ist Türke, riesengroß und kräftig wie ein Stier. In seiner Gesellschaft würde ich mich zu jeder Tages- und Nachtzeit in die übelsten Gegenden trauen. Mein Freund ist ein Riese – und in ihm wohnt eine Seele, die so zart und schön ist wie ein Schmetterling.

Asims Besuche liefen zuverlässig stets nach demselben Muster ab: Mein Freund kommt rein, tritt an mein Bett, beugt sich zu mir herab und haucht mir ein Küsschen auf jede Wange. Dann setzt er sich.

Während er unbehaglich auf dem Besucherstuhl herumrutscht, bemüht er sich um einen leichten Plauderton.

»Hallo, Manu«, sagt er, fest entschlossen, diesmal durchzuhalten. Den nächsten Satz, »Wie geht es dir?«, kann ich nur noch erraten. Asim schluchzt, schluckt, sieht mich verzweifelt an – und bricht in Tränen aus.

Dann springt er auf und läuft zur Tür, durch die er eben erst hereingekommen ist. Ich klettere mühsam aus dem Bett und nehme mit Natascha seine Verfolgung auf. Meistens stelle ich Asim bei den Fahrstühlen, er hat sich an die Wand gelehnt. Sein ganzer Körper bebt, die massigen Schultern, der Rücken, der Kopf, den er in den Armen verbirgt.

»Pscht. Pscht. Es ist gut, Asim, alles ist gut«, flüstere ich, während ich mit Mühe meinen Arm um seine breiten Schultern lege. »Komm mit mir zurück ins Zimmer, ja? Du setzt dich ein Weilchen zu mir, und wir trinken eine Tasse Tee.«

Das Schluchzen verebbt und Asim nickt. Zögernd folgt er mir über den Flur zurück ins Zimmer, setzt sich schwerfällig ans Krankenbett, und fünf Minuten lang sieht es gut aus. Es sieht aus, als könnte es diesmal gut gehen. Dann bricht mein Freund erneut in Tränen aus.

In meiner Zeit auf der Onkologischen habe ich begriffen, wie viele Gesichter die Liebe hat. Asim kam und weinte, und obwohl es mich anstrengte, seine Traurigkeit mitanzusehen, war ich ihm dafür dankbar.

Tobias, ein anderer langjähriger Freund, schaffte es gerade mal bis zum Eingangsbereich der Klinik. Wie angewurzelt stand er vor der Drehtür und starrte durch die Verglasung ins Innere des Krankenhauses. Während er dort stand, kamen und gingen viele Menschen: Ärzte, Schwestern, Besucher und Patienten. Nur ihm gelang es nicht, sich zu bewegen. Es war, als hätte irgendjemand eine magische Grenze gezogen, die ihm den Eintritt unmöglich machte. Nachdem er eine Weile dort gestanden und mit sich gerungen hatte, kehrte er um und lief nach Hause.

Dann rief er Walter an: »Ich hab es wieder nicht geschafft«, erklärte er, und jede Silbe verriet seine Traurigkeit. Ich weiß, dass Tobias da war, und vielleicht ist hier der richtige Ort, um einmal zu sagen, dass ich auch ihm dafür dankbar bin. Ich habe ihn immer verstanden. Jeder hat seine Möglichkeiten. Es kommt nicht immer darauf an, ob man etwas tatsächlich tut oder nicht. Ich konnte Orazio damals auch nicht besuchen. Trotzdem war ich ihm nah und bin es heute noch.

Tobias konnte meinen Anblick nicht ertragen – und Helmut brauchte ihn. Ich war gut zwei Wochen im Krankenhaus, als er mich anrief. Er klang aufgeräumt, wie jemand, der eine wichtige Entscheidung getroffen hat und unbedingt davon berichten will.

»Hör mal, Manu, ich hab mir was überlegt. Ich nehme mir acht Wochen unbezahlten Urlaub. Ich will einfach bei dir sein, in deiner Nähe.«

»Was? Warum denn? Hör zu, das brauchst du nicht!«

Wir sprachen lange miteinander, und irgendwann begriff ich, dass es hier nicht um eine Gefälligkeit oder einen

Freundschaftsdienst ging. Helmuts Vater und seine Schwester waren an Krebs gestorben. Er hatte beiden beigestanden, so gut er konnte, und er dachte gern daran zurück.

»Diese Nähe kann mir niemand nehmen«, sagte er. »Ich hätte den Verlust nicht verkraftet, wenn ich nicht bis zuletzt bei ihnen gewesen wäre. Meine Schwester und mein Vater waren nicht alleine, als sie starben – jetzt lebe ich, und sie sind bei mir. Verstehst du das, Manu?«

Seine Offenheit berührte mich. Ich verstand ihn, und ich freute mich, dass er mir seine Zeit schenkte.

Monatelang kam Helmut mich jeden Tag besuchen. Er kam ins Zimmer, grüßte Famir, umarmte mich, zog sich eine Schutzmaske an und setzte sich. Manchmal legte er sich auch zu mir. Er blieb immer mindestens zwei Stunden, und bald hatte ich mich an seine stille Anwesenheit gewöhnt.

Auch wenn er mich nicht berührte, war es, als würde er mich halten.

Im Angesicht von Tod und Krankheit gibt es kein richtiges oder falsches Verhalten. Es gibt keinen Knigge für den Umgang mit Krebsfällen – und ich kann niemandem einen Rat geben. Auch als es Walter und mir wegen der Infektionsgefahr verboten war, uns anzufassen, lagen wir in einem Bett und hielten Händchen. Wir wussten um die Gefahr, aber in gewisser Weise blieb uns gar keine Wahl. Walter nah zu sein war damals für mich lebenswichtig.

Erst nachdem ich aus dem Krankenhaus entlassen war, erzählte er mir von Bildern, die ihn damals quälten. Walter hat nie bewusst daran gezweifelt, dass wir die Krankheit gemeinsam durchstehen würden. Aber manchmal, auf dem Weg vom Krankenhaus nach Hause, oder nachts, wenn er in unserer Wohnung aus einem bösen Traum geschreckt war und im Dunkeln vergeblich die Hand nach mir ausstreckte, sah er flashartig albtraumhafte Bilder. Szenen, die sich echt anfühlten.

Er stand inmitten einer Trauergemeinde auf einem Waldfriedhof und fragte sich, wo sein Platz war. In der ersten oder zweiten Reihe? Bei der Familie oder unter unseren Freunden? Er fragte sich auch, wo er überhaupt war – der Friedhof mit dem alten Baumbestand war ihm fremd. Hatten sich meine Eltern gegen meinen Wunsch durchgesetzt, in Köln zu ruhen?

Ein andermal stand er vor der offenen Grube, während mein Sarg hinabgesenkt wurde, eine Schaufel Erde oder eine Rose in der Hand.

Walter war nicht dabei, wenn ich im Behandlungsraum vor Schmerzen schrie, und auch nicht, als ich einmal fast gestorben wäre. Und doch hat er damals den Tod gesehen. Auch Bilder, die nur in deinem Kopf sind, können dich um den Verstand bringen.

Während der Krankheit und auch in der Folgezeit bekamen wir immer wieder dieselben Sätze zu hören – beinahe, als gäbe es eine stillschweigende Übereinkunft über das, was man in solchen Fällen sagt.

»Ihr müsst jetzt stark sein« und »Das schweißt euch zusammen« waren die Spitzenreiter, dicht gefolgt von »Eure Liebe wächst daran«. Solche gut gemeinten Sätze klangen falsch in unseren Ohren, wie ein billiger, reflexartiger Refrain, der nichts mit uns zu tun hatte. Krebs ist eine tödliche Krankheit, daran wächst man nicht. Krebs schweißt auch niemanden zusammen.

Im Gegenteil, wenn du es zulässt, zerstört er alles, was dir lieb und wichtig ist.

Wenn mich heute jemand fragt: »Seid ihr daran gewachsen?«, lächele ich ihn freundlich an.

»Weißt du – wir lieben uns noch immer.«

Aprikosenkerne

Es gibt noch einen Menschen, der damals eine wichtige Rolle in meinem Leben spielte, meinen Exfreund Toni.

Schon lange vor meiner Diagnose hatten wir uns wieder angefreundet. Ich hatte nicht vergessen, was zwischen uns gewesen war, die Wut und das Zerstörerische, aber für mich war es Vergangenheit.

Mama hat mir beigebracht, dass du niemanden fallen lässt, den du einmal geliebt hast. Ich glaube, dass jede Trennung Wunden reißt, die nicht verheilen, und ich möchte keine Narben auf der Seele haben.

Toni hatte sich in den Jahren nach unserer Beziehung verändert. Oder vielleicht hatte er sich vielmehr radikalisiert. Er hatte seine Schweizer Stadtvilla verkauft, die Geschäfte in Übersee aufgegeben und war aufs Land gezogen. Sein Anwesen lag mitten im Wald, fünfundzwanzig Kilometer vor der Kleinstadt Frauenfeld im Kanton Thurgau. Früher war es ein Gehöft gewesen, mit Nutztieren, Weidegrund, Ställen und einer Scheune. Heute war es etwas ganz anderes.

Während der Umbauten hatte mein Exfreund mich oft um Rat gebeten, und bei den Gesprächen über Materialwahl und Gestaltung waren wir einander wieder nähergekommen.

Als ich ihn das erste Mal besuchte, traute ich meinen Augen nicht.

Eine zweispurige Straße schlängelte sich durch dichten Mischwald. Wegen des Wildwechsels fuhr ich vorsichtig – jeden Augenblick rechnete ich damit, einem Reh oder einem Hasen in die schreckgeweiteten Augen zu blicken. Ich weiß noch, dass ich an Schneewittchen und die sieben Zwerge dachte. Irgendwann kam ein Abzweig, genau, wie Toni es beschrieben hatte. Ich setzte den Blinker und bog rechts in eine kleine geteerte Straße ein. Eine gewölbte Steinbrücke führte über einen glitzernden Bachlauf. Jetzt fuhr ich durch Tannenwald auf ein eingezäuntes Grundstück zu. Das Tor glitt geräuschlos auf – offenbar hatte Toni eine Kamera am Eingang installiert. Während ich langsam die schnurgerade Auffahrt entlangrollte, sah ich im Rückspiegel, wie es sich automatisch hinter meinem Wagen schloss. Ich war in Tonis Reich. Sein Hof lag inmitten eines kleinen Landschaftsparks. Akkurat gestutzte Bäume, ein Springbrunnen und Steinskulpturen. Ein mannshoher grauer Adler, Wildschweine, ein Pavillon, der an ein Hexenhaus erinnerte. Unverkennbar Tonis Handschrift.

Mein Exfreund begrüßte mich mit einem breiten Lächeln und weit geöffneten Armen – während Barneby voller Freude an mir hochsprang. Zum ersten Mal sah ich den Hund wieder, der einmal zu mir gehört hatte, und ich merkte, dass mein Zorn verflogen war. Barneby hatte es gut hier, mitten im Wald, wo nachts die Füchse bellten und immer frische Fährten lockten.

Mit seinen Lederstiefeln und den schmal geschnittenen Cordhosen sah mein Exfreund beinahe aus wie ein echter Gutsbesitzer – aber eben nur beinahe. Hier, auf seinen Ländereien – im Laufe des Tages erfuhr ich, dass er über hundertfünfzig Hektar Land besaß –, wirkte Toni genauso fremd wie in seiner Riesenvilla in Beverly Hills.

Das Idyll hatte, etwas Trügerisches.

Während ich hinter ihm über das Anwesen stapfte, grübelte ich darüber nach, was mich an diesem Ort so merkwürdig berührte. Viel später begriff ich, dass mein Gefühl weniger mit dem prächtigen Garten oder der Art des Umbaus zu tun hatte als mit Toni selbst.

Toni hatte ein modernes Refugium geschaffen, getarnt als Bauernhof. Hier, auf diesem friedlichen Stück Land, blühten seine Kriegsgedanken. In einem Safe lagen Bargeld, Schmuck und Wertsachen. Das Haus war unterkellert, und hinter schweren Panzertüren verbarg sich ein Luftschutzraum. Riesige, eigens angefertigte Tanks speicherten Trinkwasser für mindestens ein Jahr und tausend Liter Treibstoff. In geräumigen Vorratskammern lagerten Hunderte Fleischkonserven, eingemachtes Gemüse und Trockenobst. Strom lieferten Solarzellen auf dem Dach, und das Gemüsebeet im hinteren Teil des Gartens hätte eine ganze Kompanie mit Grünzeug versorgen können.

Toni hatte aufgerüstet, dieser idyllische Ort war Teil der apokalyptischen Szenarien, die er sich ausmalte. Hier wollte er mit seinen engsten Freunden überdauern, wenn die Banken crashten und Bürgerkriege Europa überzogen.

Toni wollte auf seinem Gut im Thurgau den Weltuntergang überleben, aber er ist dort gestorben, und die Welt dreht sich immer noch.

An jenem Winternachmittag, als ich seinen Hof besichtigte, glühte Toni förmlich vor Besitzerstolz. »Sieh mal, den

Pferdestall hab ich zu einem Chill-out-Room mit Kinoleinwand umgebaut. Rechts vom Haus ist der Swimmingpool – beheizt natürlich.«

Ich nickte staunend.

»Und jetzt musst du dir die Tiere ansehen.«

Auf der Koppel, wo einmal Milchkühe gegrast hatten, standen ein paar hübsche, nutzlose Alpakas. Alibitiere, erklärte Toni unumwunden. Er hatte den Hof mit der Auflage erworben, Vieh zu halten, und die sanften Tiere aus den Anden entsprachen seinem Sinn für das Exotische. Das hier ist nicht echt, ging es mir durch den Kopf, während ich zerstreut die Tiere tätschelte, es ist Tonis Disneyland.

Später saßen wir im »Chill-out-Room« und redeten. Durch die breite Fensterfront blickten wir auf den rückseitigen Teil des Anwesens: einen Teich, der die Form eines Diamantenrings hatte. Jener Teil, der den Diamanten symbolisieren sollte, leuchtete in der Nacht in den unterschiedlichsten Farben. Dieses Schmuckstück hatte Toni mit meiner Hilfe entworfen.

Schon immer hatte Toni ein Faible für Ringe gehabt. Ein Ring hat keinen Anfang und kein Ende, einst ein Symbol der Macht, steht er heute für den Ehebund, für ewigen Zusammenhalt.

Als mein Exfreund kaum zwei Jahre später starb, war er in seiner Welt ziemlich allein. Er hatte seit Langem mit seiner Familie gebrochen. Nur die engsten Freunde ließ er noch an sich heran – und nicht einmal die konnten ihm in seine religiöse Gedankenwelt folgen, die durch und durch wahnhaft war. Toni wollte auf seinem Hof begraben sein, im Schatten einer Linde und nicht weit von der Brunnenanlage, die wir zusammen entworfen haben. Genau so ist es geschehen. Noch spendet der Baum keinen Schatten, den wir nach seinem Tod gepflanzt haben, aber er wächst und gedeiht. In ein paar Jahren wird sein Stamm so mächtig und sein Blätterwerk so üppig sein, wie Toni es sich wünschte.

Er hatte keine Angst vor dem Tod – er glaubte ja an die Erlösung –, aber er wollte nicht alleine gehen. Mein Exfreund wollte mich mit hinübernehmen. Diesen Wunsch musste ich ihm ausschlagen.

Damals waren wir beide gesund. Keiner von uns ahnte, was ihm bevorstand. Während es draußen dunkelte, sahen wir aus dem Fenster auf die beleuchtete Anlage und erzählten einander, was in den letzten Jahren geschehen war. Später, als der Mond aufging und sanft auf das Wasser schien, sprachen wir über die Liebe und über das Scheitern, in einem versöhnlichen, freundlichen Ton.

Die Stimmung war gelöst. Toni blieb auch in seiner Verwirrung ein verführerischer Mensch. Ich genoss seine Gesellschaft, und ich war zugleich froh über die Aussicht, am nächsten Morgen wieder in mein Auto zu steigen und heimzufahren, wo Walter und Junior auf mich warteten. Tonis Refugium war mir nicht geheuer, dieser Ort bereitete mir leises Unbehagen. Dass sich dieses Unbehagen einmal zu einer echten Beklemmung auswachsen würde, konnte ich nicht ahnen.

Ein halbes Jahr später waren wir beide schwer krank. Eine Ironie des Schicksals ließ Toni und mich fast zeitgleich an Krebs erkranken. Mein Koffer war bereits gepackt, als ich ihn anrief.

»Hör zu«, begann ich zögernd, »ich hab schlechte Nachrichten. Man hat bei mir Krebs diagnostiziert. In ein paar Tagen beginnt die Chemo.«

Zu meiner Verblüffung brach Toni in helles Lachen aus.

»Sag mir nicht, wir beide hätten keine besondere Verbindung, Manu. Ich wollte dich auch anrufen. Du weißt doch, dass ich in letzter Zeit oft Kopfweh hatte? Ich hab einen Hirntumor. Bösartig.«

Toni war der Einzige meiner Freunde, der die Nachricht von meiner Erkrankung gut gelaunt, ja heiter aufnahm. Während wir redeten, stellte ich mir vor, wie er an dem glänzenden schwarzen Flügel saß, auf dem kein Mensch spielte, und eine Hand selbstvergessen über die schwarzen Tasten wandern ließ. Vielleicht hockte er auch mit angezogenen Beinen auf einem der Ledersessel und betrachtete das Firmament zu seinen Füßen. Der Boden in allen Innenräumen seines Anwesens war aus Schiefer, gesprenkelt von Millionen winzig kleinen Blattgoldplättchen. Wenn das Licht stimmte, hattest du das Gefühl, du liefest barfuß über die Milchstraße.

Ich habe Toni einmal sehr geliebt und möchte ihm kein Unrecht tun. Ihn extravagant oder schrullig zu nennen wäre viel zu kurz gegriffen. Die Art und Weise, wie er sich in der Welt bewegte, hatte manchmal etwas Rührendes. Toni reiste in seiner Fantasie, und nie, niemals kam er irgendwo an. Bis zu seinem Tod blieb er ein Fremder in der Welt.

Toni bediente sich bei der Wirklichkeit wie ein Kind an einem Baukasten, drehte und wendete alles, was geschah, so lange in Gedanken hin und her, bis er etwas daraus gemacht hatte, das ihm stimmig schien. Ich glaube, er war immer auf der Suche nach der Schönheit.

»Sieh mal, wir nehmen das Leid der Menschen auf uns«, sagte er während unseres Telefongesprächs in einem schwärmerischen Ton.

Ich räusperte mich. »Na, wenn du meinst.«

»Und du willst dir das wirklich antun?«, wechselte mein Exfreund das Thema. »Die Chemo?«

»Was hab ich denn für eine Wahl?«, fragte ich zurück.

»Aprikosenkerne.« Jetzt klang er eifrig. Toni wollte mir helfen. »Hat meine Heilpraktikerin empfohlen. Ein echtes Wundermittel.«

Die Vorstellung, die bevorstehende Chemotherapie durch eine Handvoll Kerne zu ersetzen, entlockte mir ein müdes Lächeln.

»Ich denk darüber nach«, erwiderte ich freundlich. »Pass auf dich auf. Ich ruf dich an.«

Während ich die erste Chemo durchstand, ging Toni vier- oder fünfmal zur Bestrahlung. Dann hatte er genug. Seine Kopfhaut juckte und er hegte ohnehin ein unerschütterliches Misstrauen gegen Ärzte. Lügner, Scharlatane, Halsabschneider. Die Worte, die er für Schulmediziner übrighatte, wenn wir skypten, waren alles andere als schmeichelhaft. Er brach die Behandlung ab, schluckte Cortisontabletten und beschäftigte sich intensiv mit alternativen Heilmethoden. Toni verbrachte seine Tage auf der Couch, eine Tüte Aprikosenkerne in der Hand, ein Kissen im Rücken und googelte im Internet nach Heilern.

Seine Recherchen betrieb er vor allem für mich – um seine eigene Gesundheit sorgte er sich offenbar nicht im Mindesten. Beinahe hatte ich das Gefühl, als würde er es sich mit seinem Krebs gemütlich machen.

Ich weiß noch, wie Toni lachte, als ich ihm die ersten kahlen Stellen auf meinem Schädel zeigte. Das muss während der zweiten Chemo gewesen sein.

»Du siehst aus wie ein gerupftes Huhn, mein Hübscher«, kicherte mein Exfreund.

»Und du wie ein Marshmallow. Meine Güte, wie das Cortison dich aufschwemmt.«

Wenn wir skypten, fühlte ich mich wie befreit. Wir lachten Tränen, wir redeten bis in die Nacht hinein, Verbündete, die ein Geheimnis teilen.

Manchmal war ich richtig unwillig, wenn unsere Gespräche durch Besuche meiner Freunde unterbrochen wurden. Walter, Frank und Ralf taten alles, um ihren Schmerz vor mir zu verbergen, aber ich sah ihn in ihren Augen.

Toni war absolut schmerzfrei. Ihm konnte ich mich zeigen.

Erst als mich die Chemotherapie wirklich entstellte, sollte sich das ändern.

Das war zu der Zeit, als ich die Spiegel im Bad mit weißen Bettlaken verhängte, während des dritten oder vierten Chemozyklus. Am Tag pumpten sie mir bis zu zwölf Liter Flüssigkeit in den Körper, und alle paar Minuten wanderte ich mit Natascha in den Raum, den ich im ganzen Krankenhaus am meisten hasste. Das Badezimmer.

Das Bad war voller Spiegel, jede der vier Wände warf mir mein Bild entgegen.

Anfangs zwang ich mich, den Anblick auszuhalten.

»Wer bist du?«, fragte ich mein Spiegelbild. Ich musterte den kahlen Schädel, die farblose Haut und die undefinierten, nackten Arme. Der Mann vor mir sah aus, als wäre er in einen Bleichkessel gefallen. Keine Farbe, keine Struktur. Merkwürdig, was Haare ausmachen. Ich meine nicht nur den Haarschopf, sondern die Brauen und den Bartschatten, die feinen Härchen auf dem Handrücken und an den Armen. Auch meine Haltung hatte sich verändert. Da war kein Quäntchen Kraft.

In meiner Verzweiflung beugte ich mich vor und sah dem Fremden in die Augen. Es heißt, die Augen seien der Spiegel der Seele. Dort musste der Mann zu finden sein, der ich gewesen war. Minutenlang stützte ich mich mit beiden Händen auf das Waschbecken und erforschte mein Spiegelbild. Ich versuchte, in meine Augen zu blicken wie auf den Grund eines trüben Sees. Eine Regung in der Tiefe, irgendetwas musste dort sein, das verriet, wer ich gewesen war.

Ich fand rein gar nichts.

In diesem Augenblick kam die Verzweiflung. Das Wesen, das vor mir stand, beschämte mich. Sollte ich um dieses armselige Leben kämpfen?

Ich war noch da, aber es war ein anderer.

Das war schlimmer als der Schmerz, schlimmer als das Mitleid im Gesicht meiner Freunde, schlimmer als die Ratlosigkeit der Ärzte. Das war der Punkt, an dem mein Leben wirklich in Gefahr geriet.

Als ich mich selbst nicht mehr in meinem Spiegelbild erkannte, hörte ich auf zu träumen, ich wäre gesund. Zwei Monate lang hatte ich jede Nacht diesen Traum gehabt: Ich träumte, ich würde aus einem Albtraum erwachen und wäre gesund. Meine Erleichterung war jedes Mal grenzenlos. Dann fiel Tageslicht durch die Jalousien, ich blinzelte, sah die Schläuche und hörte das monotone Piepsen des Infusionsständers. Versuchte mich umzudrehen und spürte diese Mattigkeit in allen Gliedern. Die Nässe der Laken, die ich in der Nacht durchgeschwitzt hatte.

Ich hatte eine Höllenangst vor diesem Traum, aber als er ausblieb, war es fast noch schlimmer. Der Krebs hatte die letzte Hürde genommen und mein Unbewusstes erobert, den Bereich, wo Träume, Erinnerungen, Ängste und Sehnsüchte leben.

Ich spürte, wie mein Widerstand schwächer wurde.

Als Toni mir sagte, ich solle die Chemo abbrechen, war ich beinahe so weit. Beinahe hätte ich dem Tod die Hand gereicht.

Das war kurz vor der Halbzeit, nach dem dritten Chemozyklus. Ich saß zu Hause am PC, Junior schlief zu meinen Füßen und Walter werkelte in der Küche.

Toni sah gut aus. Sofort spürte ich seine Aufregung. Mein Exfreund wirkte entschlossen, als hätte er einen Auftrag.

An diesem Morgen hielt er sich nicht lange mit Geplänkel auf.

»Sieh mich an!« Er blitzte mich aus seinen blauen Augen an. »Ich bin geheilt, Manu!«

Ich wartete.

»Was heißt das?«

»Die Tumormarker sind verschwunden. Ich bin gesund, es ist vorbei. Wenn du willst, schick ich dir meinen Vorrat Aprikosenkerne.«

Toni saß vor mir wie das blühende Leben, voller freudiger Erregung, und ich musste ihm vorkommen wie der leibhaftige Tod.

»Das freut mich«, sagte ich langsam.

Von Anfang an hatten wir verschiedene Wege eingeschlagen. Toni wirkte aufgekratzt auf mich, vielleicht verwirrt, aber ich hatte keine Kraft, dem auf den Grund zu gehen. Eine sogenannte Wunderheilung? Es gab nichts, dass ich ihm mehr wünschte. Allerdings ging es ihm offenbar nicht darum, vor seinem kranken Freund mit Gesundheit zu prahlen. Toni hatte einen Auftrag – er wollte mich bekehren, mich vom falschen Weg abbringen.

»Und jetzt schau dich an«, sagte er. »Du bist nicht mehr du selbst. Die Chemo zerstört dich. Wenn du nicht abbrichst, wirst du sterben!«

Offenbar hatte Tonis Ton Walter alarmiert. Während ich noch über eine Antwort nachdachte, kam er aus der Küche und baute sich vor dem Bildschirm auf. Ich sah ihm an, dass er aufgebracht war. Mein sonst so besonnener Freund mischte sich ein.

»Hör auf damit«, fuhr er Toni an. »Lass ihn in Ruhe. Manu darf nicht abbrechen und er wird es auch nicht tun!«

Walter und mein Exfreund hatten sich noch nicht die Hand geschüttelt, und diese erste Begegnung stand unter keinem guten Stern. Sie endete damit, dass Toni Walter wüst beschimpfte. Mein Freund sei des Teufels, rief er, genau wie alle Ärzte in der Klinik, die mich langsam, aber sicher zu Tode spritzten.

Am nächsten Tag erhielt ich eine lange Mail von Toni. Im Grunde war es ein Drohbrief. Er schrieb darin, dass ich mich vom Teufel befreien solle. Walter sei der Teufel, erklärte er, weil er mich zwingen würde, die Chemo durchzuziehen. Wenn ich mich nicht von Walter trennte und die Chemo abbrach, würde er unseren Kontakt beenden, mit unserer Freundschaft sei es dann endgültig vorbei. Tod und Teufel, Sünde und Strafe, Errettung und ewiges Leben. Toni gab alles. Offenbar war es ihm wirklich ernst.

Seine E-Mail machte mich müde und traurig. Walter wurde wütend, als ich ihm davon erzählte, aber ich verspürte keine Bitterkeit. Ich musste alle Kraft aufbringen, um meinem Exfreund zu antworten.

»Danke für Deine E-Mail«, schrieb ich.

»Ich werde mich nicht von Walter trennen und ich ziehe die Chemo durch. Natürlich respektiere ich Deinen Wunsch. Pass auf Dich auf. Wir sehen uns im Paradies, mein Freund.«

Nachdem ich auf Senden geklickt hatte, war ich noch ein bisschen einsamer als vorher. Ich wusste, dass ich an einem Punkt angelangt war, wo Zweifel tödlich sind. Wenn ich mein Leben jetzt nicht in die Hand der Ärzte legte, war ich verloren. Nichts brauchte ich nötiger als Zutrauen – und doch ging mir nach, was Toni gesagt hatte.

Seine Worte waren wie eine vergiftete Saat. Sie keimten in meinem Herzen.

Vielleicht hatte er recht, und es war gar nicht der Krebs, der mich zerstörte. Ich war gesund ins Krankenhaus gekommen, schmerzfrei, austrainiert und gut aussehend. Während der Therapie, die mich angeblich retten sollte, war ich zu einem schwachen und unansehnlichen alten Mann geworden.

Toni sah blendend aus – und ich?

War das alles, was übrig blieb?

Bergbesteigung

Der Gedanke, den Toni uns eingegeben hatte, ließ Walter und mich beinahe straucheln. Jeder Chemozyklus ist wie eine Bergbesteigung. Wenn du zurückguckst, wird dir schwindelig. Du musst nach vorn schauen, dich konzentrieren. Schritt für Schritt steigst du bergan, und je weiter du kommst, desto dünner wird die Luft. Du spürst die Verlassenheit, und wenn dein Partner dich jetzt nicht sichert, bist du verloren.

Nicht nur an mir nagte der Zweifel – auch Walter wusste nicht mehr weiter. Zum ersten Mal, seit wir zusammen waren, wirkte mein Freund verzweifelt. Untröstlich. Ein Arzt, der auf seinem Gebiet als Koryphäe galt, hatte mir gesagt, über Heilungschancen könne man in meinem Fall überhaupt nicht reden.

»Ihre Erkrankung ist so selten, dass wir keine Statistiken haben. Das bedeutet auch, dass wir Ihre Chancen nicht beziffern können.«

Als ich Walter bei seinem nächsten Besuch erzählte, was ich erfahren hatte, brach er zusammen.

Ich saß hilflos neben ihm, unfähig, Trost zu spenden. Das war, als hätte sich eine Wand um uns geschlossen. Wir waren Gefangene unserer Angst. Wenn es so weit ist, kannst du nicht mehr zwischen innen und außen trennen. Ist die Dunkelheit real, oder sitzt sie nur in deinem Herzen? »Hör zu, ich steig aus«, war alles, was ich meinem Liebsten sagen konnte. »Ich steig aus der Beziehung aus, ich breche die Chemo ab, ich gehe. Ich kann nicht mehr weiter, Walter.«

In diesem Augenblick öffnete sich die Tür. Wie so oft schaute Tani bei mir herein, bevor sie von der Schicht nach Hause ging.

Unsere Freundin blickte von Walter zu mir und wieder zurück. Zwei verzweifelte Männer. Dann bat sie uns zu reden. Wir redeten und redeten, durcheinander, nacheinander, miteinander – und Tani hörte schweigend zu, das Kinn in die Hand gestützt. Dann kamen die Fragen.

»Warum sieht Manu jetzt so viel kränker aus als vor der Chemo?

»Was ist mit Folgeschäden?«

»Warum sagen manche Ärzte, Krebs ist unheilbar, und andere behaupten das Gegenteil?«

»Gibt es keine Alternative zu dieser Behandlung?«

»Wird Manu leben, Tani?«

Die Fragen prasselten auf unsere arme Freundin nieder, ein Sturzbach aus Angst und Verunsicherung. Auf manche fand sie eine Antwort, bei anderen zuckte sie bedauernd mit den Schultern – aber Tani zog nicht den Kopf ein, sie duckte sich nicht weg. Auch in diesem Augenblick, am Ende eines langen Arbeitstages, war sie hoch konzentriert.

Irgendwann hellte sich ihre Miene auf.

»Hört zu, ich hab eine Idee. Walter, du nimmst dir ein Stück Papier und dann schreibst du deine Fragen auf. Alles, was dich umtreibt.«

Walter sah sie skeptisch an. »Und dann?«

»Dann mache ich einen Termin bei einer guten Ärztin für euch aus. Wir machen eine Fragestunde. Ihr werdet sehen, danach geht es euch besser.«

Tani hielt Wort, und Walter füllte mehrere DIN-A4-Seiten mit seinen Fragen. An dem Morgen, als die Stationsärztin für das Gespräch zu mir aufs Zimmer kam, hockte er mit seinem Fragekatalog bei mir auf der Bettkante und weinte still in sich hinein. Walter war immer stark gewesen. Jetzt wirkte er wie ein Teenager mit Prüfungsangst. Mein Freund hatte sich den Kopf zerbrochen und mit jeder Formulierung gekämpft. So gewissenhaft wie möglich hatte er sich auf diesen Termin vorbereitet, und trotzdem packte ihn die Angst.

Ich konnte ihn verstehen. Hinter jeder Frage verbarg sich seine Angst, mich zu verlieren. So gesehen, hing von den Antworten der Ärztin unser beider Leben ab.

Als die Stationsärztin das Krankenzimmer betrat, warf Walter mir einen ungläubigen Blick zu. Janine war nicht mal dreißig, und auf der Straße hätte man sie für ein junges Mädchen halten können. Mit ihrer Praxis kann es nicht weit her sein, las ich in Walters Augen. Was weiß so ein junges Ding schon vom Leben und Sterben?

»Das junge Ding« hatte sich allerdings akribisch vorbereitet. Über eine Stunde saß Janine mit gekreuzten Beinen auf der eingelassenen Fensterbank und beantwortete jede unserer Fragen. Sie hatte ihren Ernst und Eifer aus dem Studium in die Krebsstation hinübergerettet. Für sie gab es kein Ausweichen oder Beschwichtigen.

Die Medizinerin versprach uns keine Heilung.

»Wenn keine Komplikationen eintreten, stehen die Chancen ziemlich gut, dass du geheilt wirst«, sagte sie vorsichtig.

»Und wenn er jetzt abbricht?«, wollte Walter wissen. »Was ist, wenn er nicht alle sechs Chemos macht?«

»Dann sinkt seine Lebenserwartung.« Die junge Frau klang jetzt sehr ernst. »Es ist möglich, dass wir den Krebs schon nach dem dritten oder vierten Zyklus besiegt haben, aber es ist nicht wahrscheinlich.«

»Manu sah gesund aus, als er hierherkam«, unwillkürlich wurde Walter lauter. »Jetzt hat er kein Haar mehr auf dem Kopf, und das Cortison schwemmt ihn auf. Entschuldigen Sie, aber mein Freund war topfit, und jetzt kann er kaum noch laufen. Er kann ja nicht mal einen Teller weich gekochte Nudeln essen, ohne Schmerzen zu haben. Sehen

Sie ihn doch mal an. Wir haben noch weitere Chemozyklen vor uns. Wie wird er nach dem nächsten Zyklus aussehen? Und nach dem übernächsten? Mehr kann ein Mensch doch gar nicht ertragen?«

Janine nickte. Walter und ich hatten den Punkt erreicht, wo Zweifel sich zu Misstrauen auswachsen.

»Die Chemo trifft den Körper empfindlich«, erwiderte sie. »Sie bringt sich schnell teilende Zellen zum Absterben und hemmt ihr Wachstum. Das muss so sein. Nur so bekommen wir auch die Krebszellen zu fassen. Die Therapie ist hart, aber sie ist eure einzige Chance.«

Nach dem Gespräch stand Walter der Schweiß auf der Stirn. Offenheit ist gut, aber sie strengt auch an. Wir hatten begriffen, dass uns hier die bestmögliche Behandlung geboten wurde. Patienten kamen aus einem Umkreis von mehreren Hundert Kilometern in die Kölner Uniklinik. Sie kamen, um zu kämpfen, so wie wir. Im Grunde hatte Janine nur bestätigt, was wir bereits ahnten. Die Parole war: Friss oder stirb, es gab keinen Mittelweg und keinen Kuschelkurs. Wir mussten die Zweifel zurückdämmen. Wir brauchten unsere Kraft, um weiterzumachen, um die Chemotherapie durchzustehen.

Wenn jeder Zyklus der Chemotherapie eine Bergbesteigung war, dann sahen Walter und ich nach dem Gespräch mit der jungen Medizinerin wieder den Gipfel vor uns. Endlich hatten wir wieder ein Ziel vor Augen: Den Moment, wo alles vorbei war, wo die Angst und die Anstrengung hinter uns lagen wie ein tiefes Tal. Den Moment des Wieder-Ankommens. In ein paar Monaten, wenn auch in diesem Moment auch noch unerreichbar weit entfernt, würden wir wieder zu Hause sein. Glücklich, mit Junior.

Lieblingslied

Mein Lieblingslied ist zum Sterben schön. Und beinahe wäre es so gekommen. Beinahe hätte die Melodie mich in den Tod begleitet.

Es geschah in einer dieser Cortison-Nächte, während der Aplasiephase. Mit weit offenen Augen lag ich in meinem Krankenzimmer, starrte an die Decke und lauschte auf Nataschas Pumpgeräusche, ein leises, stetes Rattern.

Walter war in dieser Nacht auf einer Party in Barcelona, eine Reise, die wir zusammen geplant hatten. Er hatte sich lange gesträubt zu fahren, aber ich hatte ihm zugeredet. Seit Monaten war mein Freund nur für mich da gewesen. Wie ich kannte er Stationsärzte und Schwestern mit Vornamen, jeden Morgen vor der Arbeit und jeden Abend vor dem Schlafengehen lag er neben mir im Krankenbett und wärmte mich. Er arbeitete und kümmerte sich um Junior. Schon jetzt war die Klinik sein zweites Zuhause, und ich wollte nicht, dass sie für ihn zu einem Gefängnis wurde. Walter war gesund, er musste bei Kräften bleiben. Mir half es wenig, wenn er sich immer weiter schwächte. Er musste Luft holen, er brauchte eine Atempause – und wenn es einen Ort gab, der das Gegenteil von Klinik war, dann war es die internationale Partyszene; schöne, gut gelaunte Menschen, Musik, die in Wellen durch den Körper fließt, Bewegung, die dich mitreißt. Lasershows und Feuerwerk. Manchmal buchten die Betreiber Trapezkünstler, die hoch über den Köpfen der Tanzenden in unsichtbaren Seilen schwebten. Diese Partys sind eine großartige Illusion. Las Vegas für die Sinne, ein kurzes, heftiges Körperglück. Genau das, was mein Freund jetzt brauchte.

Walter sollte, er musste nach Barcelona fliegen und diesen ganzen Albtraum ein paar Stunden lang vergessen. Die Vorstellung beruhigte mich. Vielleicht würde Walter auf der Tanzfläche des *L'Atlàntida*, eines Klubs in Küstennähe, auch etwas von mir erhaschen, das hier, in meinem Krankenzimmer, kaum noch zu spüren war. Eine Erinnerung, durchscheinend und so fern, dass es wehtat.

»Ein paar Tage rauskommen, das wird dir guttun«, hatte ich erklärt. »Bitte tu's. Geh tanzen – auch für mich.«

Schließlich war Walter in Begleitung von Thomas, einem guten Freund von uns, für vier Tage nach Barcelona zum Circuit geflogen.

Er war weg und mir ging es elend. Diesmal war es besonders schlimm. Ich hatte hundert Stunden nicht geschlafen.

Famirs Atemzüge gingen ruhig und regelmäßig, und ich versuchte, mich auf das Flimmern des Fernsehbildschirms zu konzentrieren. Dass Zeit verging, merkte ich nur an den Besuchen der Nachtschwester. Alle zwei Stunden trat sie an mein Bett, hob meine Lider an und leuchtete mir mit einem Lämpchen in die Augen. Mein Herz raste und meine Stirn war glühend heiß. Es war Hochsommer und ich schwitzte in den Laken. Schweiß sammelte sich in meinem Nacken, auf der Stirn und auf der Brust, wo der Schlauch zu meinem Herzen lag.

Inzwischen reagierte mein Körper auf das Gift. Die Folgen der Chemo waren nicht mehr zu leugnen. Übelkeit, Erbrechen und Heiserkeit. Kopfschmerzen, Gewichtsverlust. Ab und an stand ich auf, schleppte mich ins Bad und übergab mich. Grüne Flüssigkeit.

Nataschas leises Geratter machte mich wahnsinnig. Reiß einfach die Schläuche raus, ging es mir durch den Kopf, komm schon, irgendwann muss Schluss sein. Ich war nicht mehr ich selbst.

Morgens war Tani bei mir gewesen. Wie immer wollte ich die Berichte der letzten Tage für ihre Studie unterzeichnen. Den Stift in der Hand, hatte ich mich über die Papiere gebeugt. Dann hatte ich in der Bewegung innegehalten. Das Datum. Mir war das Datum abhandengekommen. Ich setzte an, schrieb eine Zahl und strich sie durch. Versuchte nachzudenken: Welcher Tag war gestern? Welchen Monat schreiben wir?

Irgendwann hob ich den Kopf und fragte sie danach.

»Kannst du mir sagen, welchen Tag wir heute haben? Und den Monat?«

Das war wie rettungslos verloren sein.

Stündlich bekam ich ein Milligramm Morphium. Wenn der Schmerz zu stark wurde, gab es einen Extrashot.

Ein kleiner Druck mit dem Zeigefinger genügt, und – PAHH, die Zeit bleibt stehen. In dir wird es still und warm. Das Phlegma legt sich wie eine schwere Plüschdecke auf deine Wahrnehmung. Ich war permanent high.

In dieser Nacht lebte das Krankenzimmer.

Ab und an huschte eine fette Maus durchs Zimmer. Über Famirs Bett flog geräuschlos ein Flugzeug, vielleicht war es auch ein großer schwarzer Vogel.

An der Decke sah ich Umrisse von Bäumen. Blätter, die sich im Wind bewegten.

Ich wusste, dass ich halluzinierte, und es war mir ziemlich schnuppe.

Irgendwann nahm ich mein Smartphone vom Beistelltisch. In diesem Augenblick ging eine Nachricht ein. Ein Video aus Barcelona. Als der erste Takt der Melodie ertönte, kamen mir die Tränen. Mein Lieblingslied, ein Remix des Songs »Sing2me« von Thomas Gold, zu dem ich hundertmal auf dem Podest getanzt hatte. Der Sucher einer Kamera glitt über eine riesige, wogende Menschenmenge. Zehntausend Männer mindestens. Lichtblitze in allen Farben des Regenbogens ließen Gesichter aufleuchten, zuckende Arme, Beine, einen nackten Torso. Dann kam der Blick zur Ruhe. Mitten in der Menge erkannte ich Walter.

Zwischen den Tänzern stand mein Freund und lächelte.

Das Video kam von Philippe (DJ Phil Romano), einem DJ, zu dessen Sets ich früher oft getanzt hatte. Mit diesem Lied war er berühmt geworden.

»*Noi pensiamo a te*«, schrieb er, »wir denken an dich.«

Ein Livemitschnitt. In diesem Moment spürte ich ganz deutlich, dass alles gleichzeitig geschieht. Das war ganz körperlich.

Ich lag auf der Kölner Krebsstation, während in einem der bekanntesten Klubs an der Küste vor Barcelona das Musikstück zu Ende ging, die Bewegungen der Tanzenden wurden ruhiger, die Lichtblitze hörten auf, und Walter guckte direkt in die Kamera.

Er sieht mich an, dachte ich irritiert, als sich die Tür zu meinem Krankenzimmer öffnete.

Die Nachtschwester war in Begleitung des diensthabenden Arztes zurückgekommen.

»Hör zu, Manu, du fieberst.«, sagte er. »Wir bringen dich auf die Intensivstation.«

»Ja, ist gut.« Ich nickte freundlich.

Ich lag in meinem Bett und litt, aber ich stand auch neben mir und sah der Szene zu. Alles war unwirklich, wie in einem schlechten Film.

Während die Ärzte mein Bett entkoppelten und aus der Tür schoben, lächelte ich der Nachtschwester zu. »Adieu«, sagte ich, »man sieht sich.«

Die Intensivstation kannte ich bereits von dem kurzen Gastspiel zu Beginn jedes Chemozyklus. Der ZVK muss unter absolut sterilen Bedingungen gelegt werden. Dafür fuhr ich mit Natascha in den vierten Stock.

Die Tür war immer abgeschlossen, an der Wand war eine kleine Kamera angebracht. Jedes Mal, wenn ich die Klingel drückte, dachte ich an ein Gefängnis.

Auf den Fluren stehen alle Türe offen. Auf dieser Station gibt es niemanden, der seine Privatsphäre schützt. Dort gibt es nichts Privates mehr. In den Betten liegen Menschen unter riesigen Geräten. Offene Münder, geschlossene Augen. Niemand spricht. Die monotonen Geräusche lebenserhaltender Apparate sind alles, was du hörst. Solange sie piepsen und tuten, ist alles in Ordnung. Wenn die Geräte schweigen, kommt der Tod.

Obwohl Tani mich oft an der Hand nahm, wenn wir durch die Gänge der Intensivstation zur ZVK liefen, und mit gedämpfter Stimme sagte: »Schau nicht hin, Manu. Guck nicht in die Zimmer rein«, hab ich es getan. Ich hatte Angst, aber ich war auch neugierig.

Hatte ich nicht ein Anrecht darauf, den Tod zu sehen?

»Sag mal, wie ist das, wenn man hier stirbt?«, hatte ich einmal eine Schwester gefragt, die dort arbeitete.

»Wenn du bei uns stirbst, tut dir nichts weh«, erwiderte sie langsam. »Dann hast du keine Schmerzen mehr. Das ist wie ein Hinübergleiten.«

Mich hatte das beruhigt.

Als die Ärzte mich in dieser Nacht in meinem Bett durch die Gänge schoben, habe ich nicht nachgedacht. Aber die Bilder waren da, irgendwo in einem Winkel meines Unbewussten.

Sofort wurde ich an einen Monitor angeschlossen. Die Elektroden waren wie ein kühler Kitzel auf der Brust. Während sie den Blutdruck maßen, dachte ich: Das Bett bebt, komisch, hier bewegt sich was.

»Du hast Schüttelfrost, Manu.« Eine Ärztin legte mir die Hand auf den Arm. »Wir geben dir jetzt Antibiotika. Und Fiebersenker.«

Ich versuchte, sie anzulächeln.

Dann kamen die Spritzen ins Knochenmark. Aufbauspritzen zur Stärkung der Immunabwehr. Der Schmerz überraschte mich. Ein Ungetüm, das plötzlich aus der See auftaucht. Einen Augenblick war ich da, hellwach, wahrscheinlich habe ich geschrien. Dann war ich wieder anderswo.

Hin und wieder drangen aufgeregte Stimmen durch den Morphium-Nebel.

»40,3.«

»Eine Infektion.«

»Wir müssen weiter senken. Vorsicht, wir verlieren ihn.«

Die Mediziner kämpften um mein Leben, aber ich bekam kaum etwas davon mit. Mein Körper gehörte mir ohnehin nicht mehr. Entweder überließ ich ihn den Ärzten oder dem Krebs.

Ich weiß nicht, wie lange ich in Lebensgefahr schwebte. Irgendwann spürte ich, wie sich langsam ein Bewusstsein aus dem Dämmer schälte. Ich lag auf der Intensivstation. Man hatte mir die Elektroden abgenommen. Innen und außen war es ruhig geworden. Mein Herz schlug gemächlich. Ich bewegte meine Finger, legte die Hand auf die Brust.

Ich war noch da.

Ich hatte überlebt.

Später half ein Arzt mir auf, löste den Blutdruckmesser von meinem Handgelenk, setzte mich in einen Rollstuhl und fuhr mit mir in den sechzehnten Stock. Er winkte ab, als ein Pfleger anbot, ihm diesen Gang abzunehmen.

»Ich mach das selbst.« Der Mann sah müde aus, aber sein Lächeln war echt. »Gut gemacht, Manu. Das war knapp. Wir haben uns richtig Sorgen gemacht.«

Selbstbehauptung

Wieder auf dem Zimmer, spürte ich, wie meine Kraft zurückkam. Erst jetzt kam das Entsetzen. Intensivstation, das klang nach Abschied.

Beinahe wäre ich auf dieser dummen weißen Liege gestorben, in künstlichem Licht, unter den Händen der Mediziner, weit weg von Junior und meinem Freund. Walter war verreist, damit er zu Kräften kam, und beinahe hätte ich mich davongestohlen, ohne einen Abschiedsgruß.

In dem Moment, als mir all das bewusst wurde, war ich vollkommen allein mit meinem Krebs. In diesem Augenblick gab es nur noch ihn und mich – und es lag in der Natur der Sache, dass einer von uns dran glauben musste.

Überrascht spürte ich, wie Angst mich lähmte. Jetzt, wo alles vorbei war, kam die Todesangst. Die Angst – und dann, verspätet, eine Gewissheit, die meinen ganzen Körper durchlief wie ein Schauer. Plötzlich wusste ich nicht nur – ich spürte auch, mit jeder Zelle meines kranken Körpers –, dass ich leben wollte. Endlich kam die Wut.

Ungefragt hatte der Krebs sich in mir breitgemacht, wie ein Parasit saß er in meinem Innern und ernährte sich von meinem Blut. Aber er hatte die Rechnung ohne den Wirt gemacht.

Leise setzte ich mich auf und zog den Laptop, der auf dem Nachttisch stand, auf meine Knie. Dann schrieb ich einen Brief. Die Sätze flossen wie von allein in meine Finger, ohne Nachdenken. Als ich geendet hatte, war ich selbst erstaunt.

Ich hatte das Schreiben mit »Kündigung« überschrieben. Es war an einen unliebsamen Untermieter gerichtet und setzte eine Dreimonatsfrist.

»Still und leise hast du von meinem Körper Besitz ergriffen«, begann der Text. »Du hast nie gefragt, ob du das darfst, und du bist unersättlich, du willst immer mehr. Ich gebe zu, du warst geschickt – wenn Junior dich nicht gerochen hätte, wärst du noch immer unerkannt –, aber ich bin dir auf der Spur. Heute Nacht will ich dich warnen. Genieße dein Leben und lass es dir noch mal richtig gut gehen, denn deine Tage sind gezählt!«

Unterschrieben hatte ich mit »Manu«, und hinter dem letzten Buchstaben prangte ein Ausrufungszeichen.

Ich las den Brief zweimal, ich lachte und weinte, noch vor ein paar Monaten hätte mir niemand erzählen können, dass ich bald auf Du und Du mit einer bösartigen Krebsform wäre. Dann postete ich das Schreiben auf Facebook. Gewissermaßen schickte ich meinen Brief in die Welt. Für mich war es eine Kampfansage, eine Selbstbehauptung, aber nicht mal zehn Sekunden später wurde mir klar, dass andere das nicht so sahen.

»Tu so etwas nicht wieder, bitte«, postete ein Freund aus Rom. »Du brichst mir das Herz.« Damals fehlte mir die Kraft, ihm zu sagen, dass der Brief ein gutes Zeichen war.

Es gibt tausend Möglichkeiten, mit Beklemmung umzugeben. Für mich hatte das Schreiben etwas Befreiendes. Während der ganzen Zeit in der Uniklinik hatte ich das Gefühl: Du spürst den Krebs. Du spürst, wie er sich in dir ausbreitet. Die Vorstellung, dass dein schlimmster Gegner sich von deinem Blut ernährt, ist unerträglich. Also machte ich den Krebs zu meinem Untermieter und bot ihm einen fairen Deal: Drei Monate gab ich ihm, so lange durfte er sich in mir austoben, und dann musste er gehen.

Indem ich ihm einen Namen gab und ihn direkt ansprach, löste ich mich auch aus dem Bann der Angst.

Durch meinen Vater weiß ich, wie Kirchenmänner früher mit dem Bösen umgingen. Auch Cineasten wissen das. Es genügt, sich einen Horrorstreifen anzusehen, beispielsweise den »Exorzist« aus dem Jahr 1973 oder James Wans »Die Heimsuchung«.

Jeder kennt diese Szenen: ein düsteres Krankenzimmer, Kerzenschein. Der Priester gibt sich als Kirchenmann zu erkennen, er liest einen Bibelvers und so weiter, schlägt das Kreuzzeichen und versprüht eine Menge Weihrauch. Dann fragt er den Dämon, der im Körper seines armen Opfers wütet, wer er sei und wie er heiße. In diesem Augenblick beginnt der Kampf. Der Besessene spricht in Zungen, er grollt und bäumt sich auf, entfesselt Kräfte, als wäre der Versucher selbst in seinen Leib gefahren.

Zieht man den Weihrauch ab und auch das Kruzifix, die schwarze Soutane und die schreckgeweiteten Augen der Angehörigen, dann bleibt die Frage, die der Priester stellt: »Wie heißt du, Dämon? Gib dich zu erkennen!«

Diese Frage ist mehr als gerechtfertigt, sie treibt uns um, seit wir um unser Leben fürchten. Nichts ist gefährlicher als das, was ungesagt bleibt. Ein unerkannter Gegner schürt namenlose Angst. Das Böse will nicht offenbart sein.

In dem Moment, da du es beim Namen nennst, raubst du ihm seinen Schrecken.

Mein Gegner war kein Dämon, sondern eine Krankheit, aber beide hatten etwas ganz Entscheidendes gemein. Das Non-Hodgkin-Lymphom ist unsichtbar, es verbirgt sich vor dem Auge der Positronen-Emissions- und Computertomografie. Während der Chemo weißt du nicht, ob das Gift, das in deinem Körper zirkuliert, die kranken Zellen trifft oder nur dich selber schwächt. Dieser Zweifel macht dich krank. Ich nannte den Krebs einen miesen Untermieter, aber ein anderer hätte ihn vielleicht als Parasiten beschimpft, als Monster oder Teufelszeug. Wichtig ist nur, sich der Angst zu stellen. Dem Bösen einen Namen geben.

Vielleicht brachte dieser Brief den Wendepunkt. Im Moment größter Verzweiflung hatte ich mich selbst behauptet. Ich war Manu, auch wenn ich anders aussah, anders roch und mich kaum noch bewegen konnte. Ich hatte mich für das Leben entschieden, und ich würde bis zum Ende kämpfen. Ich hatte dem Krebs den Kampf angesagt,

er mochte mich umbringen, aber er würde mich nicht brechen.
Manchmal denke ich, auch dieses Buch ist eine Form der Austreibung.

Vieles, das hier schwarz auf weiß gedruckt ist, hatte ich in mir verschlossen. Nicht mal Walter wusste von meiner Nacht auf der Intensivstation. Er war nicht dabei, als ich auf dem Behandlungstisch lag und brüllte, er weiß nicht, wie sich mein Gesicht in der Todesangst verändert hat. Wo ich konnte, habe ich versucht, ihn zu schonen. Er hat mehr als genug gesehen.

Erst jetzt, wo ich wieder zu Hause bin, kann ich erzählen, wie es wirklich war. Noch einmal in der Zeit zurückzugehen kostet Kraft. Während ich erzähle, zerre ich alles noch einmal ans Tageslicht. Ich erlebe alles noch einmal, die Angst, den Schmerz und die Ohnmacht. Ich leide, aber ich spüre, dass die Anstrengung sich lohnt. Wenn es zu viel wird, stehe ich vom Schreibtisch auf und rufe Junior. Wir gehen eine kleine Runde durch vertraute Straßen bis zur Hundewiese. Während ich meinem Bully beim Spielen zusehe, spüre ich ganz deutlich die Erleichterung. Es ist vorbei. Die Zeit, in der ich eine Handbreit vom Tod entfernt war, liegt hinter mir. Heute bin ich anderswo. Ich bin wieder zu Hause.

Indem ich den Krebs auf Papier banne, sage ich mich endgültig von ihm los. Junior, Walter und ich sind durch die Dunkelheit gegangen, aber jetzt scheint uns die Sonne ins Gesicht. Jetzt sitzen wir im Cabrio und singen Lieder, während uns der Fahrtwind um die Ohren bläst.
Täglich bekommen wir Post von Menschen, die mit dem Krebs kämpfen, mit dem Verlust oder der Einsamkeit. Alte

und Junge, Arme und Reiche, Männer und Frauen. Eltern, deren Kinder an Leukämie erkrankt sind. Sie bitten um eine lustige Videobotschaft mit Junior, ein Foto oder Autogramm, und wir versuchen, jeden ihrer Wünsche zu erfüllen. Obwohl es mich an die Zeit im Krankenhaus erinnert, tue ich es gern. Mehr noch, ich empfinde es als großes Glück, dass diese Menschen sich uns anvertrauen. Reden hilft, das weiß ich. Im Schweigen sammelt sich die Angst.

Kniestrümpfe

Wer mir bis hierher gefolgt ist, hat eine Ahnung von dem Gefühl der Beklommenheit, das dich im Krankenhaus überfällt, von den Wänden, die scheinbar immer näher rücken, und dem Geruch, der dir in alle Poren kriecht. Von der Angst, dich zu verlieren, und der Scham vor denen, die du liebst. Den Schuldgefühlen und der Wut. Von den kleinen Momenten der Hoffnung und Liebe. Und vom Überlebenswillen, der manchmal wie ein helles, warmes Feuer in der Brust brennt und dann auf kleiner Flamme lodert, flackert, zu verlöschen droht. Vielleicht hat er auch eine Ahnung, wie man ihn wieder anfacht, wenn er nur noch ein Fünkchen Glut ist in einer kalten Nacht.

Auch während des vierten, fünften und sechsten Chemozyklus gab es Momente der Verzweiflung. Ich werde nicht vergessen, wie ich vor der Aplasiephase zu Hause saß, als der Schmerz mich übermannte.

Ich skypte mit Walter, Junior lag auf meinem Schoß. Dann kam die Schmerzattacke. »Walter, ich glaub, ich sterbe«, brachte ich heraus, und im ersten Augenblick dachte mein Freund tatsächlich, ich würde scherzen. Es hätte mir ähnlich gesehen – ab und an hob ich den Tod von seinem Marmorsockel und verulkte ihn –, aber jetzt war es mir ernst. Ich war wie gelähmt. Zum Glück waren meine Eltern in der Nähe, und als Walter sie anrief, stiegen sie sofort in ein Taxi und brachten mich in die Klinik.

Ich weiß noch, dass ich nicht einmal in der Lage war, meine Strümpfe anzuziehen. Natürlich kam Mama mir zur Hilfe.

»Du hast ja keine Socken an, das geht doch nicht – ich helf dir!«

Starr vor Schmerz saß ich vor meiner Mutter, während sie sich mit meinen Füßen abmühte. Sie konnte ihren Sohn nicht gesund machen, aber sie würde verhindern, dass er barfuß in der Klinik ankam.

Manchmal macht sich die Erinnerung an merkwürdigen Bildern fest. Ein Paar rote Strümpfe werden zum Symbol für Ohnmacht – und für Verbundenheit.

Als ich zwanzig Minuten später auf der Station von Tani und einem Arzt empfangen wurde, war ich zum ersten Mal froh, im Krankenhaus zu sein.

Natürlich gäbe es noch viele Episoden dieser Art, aber ich finde, jetzt reicht es. Das hier soll schließlich keine Krebsrevue werden. Nach der Erfahrung auf der Intensivstation bin ich nicht mehr schwach geworden – ich meine, mein Körper wurde zusehends schwächer, aber mein Wille blieb intakt. Walter und ich kämpften uns durch die Therapien – und irgendwann waren wir am Ende des Tunnels angekommen. Acht Monate Krankenhaus und sechs Monate Chemotherapie waren Geschichte. Bald dürfte ich nach Hause.

Glaubensfrage

Meine Entlassung rückte näher, und natürlich stand immer die eine Frage im Raum – egal, ob ich mit Walter oder meinen Eltern zusammensaß: Wie war die Prognose? Würde ich gesund bleiben? Hatten wir den Krebs besiegt?

Die Ärzte beantworteten meine Angst, so gut sie konnten.

»Du bist jung, und du hast die bestmögliche Behandlung bekommen«, erklärte Maria mir. »Du hast die Chemo gut überstanden. Die CTs zeigen, dass der Krebs sich nirgends manifestiert hat. Deine Chancen stehen gut, Manu.«

Vor meiner Krankheit wusste ich nicht, dass das Wort »Chancen« grausam klingen kann. Ein Wort aus dem Wettgeschäft. Ein Wort, das beim Lotto und beim Pferderennen richtig klingt. Nach Aufregung und Nervenkitzel. In der Krebstherapie macht es dich fertig.

Die Stationsärzte konnten mich nicht beruhigen, sosehr sie sich bemühten. Aber jemand anderem ist es gelungen.

Wir waren alle zusammen: Mama, Papa, Walter, meine Schwester Martha, Helmut und Tani. So viel Besuch war durchaus nicht ungewöhnlich, aber diesmal war die Stimmung anders. Aufbruchsstimmung, Erwartung und auch Bangigkeit. In zwei Tagen würde ich entlassen. Nach acht Monaten entließ man mich in mein altes Leben – nur wusste ich nicht, wie ich es meistern würde. Jetzt, am Ende der Chemotherapie, war ich an einem körperlichen Tiefpunkt. Ich war gesund, aber ich fühlte mich so krank wie nie zuvor. Während meine Freunde Pläne schmiedeten und lachten, sah meine Mutter besorgt zu mir herüber.

Dann wandte sie sich an Tani. In den letzten Wochen und Monaten hatte sie Vertrauen zu meiner Freundin gefasst – ich glaube, Mama vertraute Tani mehr als allen Stationsärzten zusammen.

»Tani«, fragte sie unsere Freundin in ihrem unsicheren Deutsch, »bleibt mein Sohn gesund?« Eben noch hatten alle durcheinandergeredet. Jetzt war nur noch das leise, rhythmische Pumpen meines Infusionsständers zu hören.

Alle Blicke ruhten auf Tani. Meiner Mutter lief eine Träne die Wange hinunter, und sie machte sich nicht die Mühe, sie wegzuwischen. Diese Frage zu stellen hatte sie viel Mut gekostet.

Tani sah Mama ernst an. Dann blickte sie zu mir.

»Wisst ihr«, sagte sie langsam, »vor zwei Wochen habe ich eine Freundin besucht. Am Chiemsee. Das Wetter war herrlich, und wir beschlossen, einen Ausflug zur Fraueninsel zu unternehmen.«

Ich bemühte mich, ihre Worte so genau wie möglich ins Portugiesische zu übersetzen. Es gelang mir kaum, dem Blick meiner Mutter standzuhalten. Darin war so viel Liebe.

»Dort liegt das Kloster Frauenchiemsee«, fuhr Tani fort. »Die Kirche ist der heiligen Irmgard geweiht, und am Eingang kannst du Kerzen anzünden.«

Während Tani erzählte, veränderte sich ihre Stimme. Sie klang nicht mehr zögernd, sondern fest und klar. »Als ich eine Kerze zur Hand nahm, stupste meine Freundin mich in die Seite. ›Na, was wünschst du dir?‹, wollte sie wissen. Ich lächelte ihr zu, während ich nachdachte. Viel Geld?, grübelte ich. Oder lieber einen schönen Mann? Ein Haus mit Garten? Unentschlossen griff ich nach einem der langen Streichhölzer, die neben den Kerzen bereitlagen.«

»Moment!«, unterbrach ich Tani. »Lass mich erst übersetzen. Das ist ja eine ganze Geschichte!«

Als ich geendet hatte, nickte Mama unserer Freundin kurz zu. Sie wirkte jetzt sehr konzentriert, als wollte sie keines von Tanis Worten verpassen. Als wäre jedes ihrer Worte kostbar.

»Ich griff also nach den Streichhölzern«, nahm Tani ihre Erzählung wieder auf, »und mit einem Mal war es mir klar. Ich wusste, was mein Wunsch war. Ich wünschte mir von ganzem Herzen, dass Manu gesund bleibt.« Einen Augenblick lang hielt sie inne, bevor sie hinzufügte: »Ich wünsche es mir und ich glaube fest daran.«

Tanis letzter Satz ging in Schluchzen unter. Mama, Papa, Walter, Helmut, Martha und ich weinten. Als sie in unsere Gesichter blickte, kamen auch Tani die Tränen. Walter und Helmut sind Atheisten, und meine Eltern, Tani und ich haben ganz unterschiedliche Auffassungen vom Glauben. Aber in diesem Moment waren wir uns nah.

Tani hatte eine Antwort gefunden, die jeder von uns verstand. Es war die Antwort auf eine Glaubensfrage. Mich machte sie ruhig und froh.

Als sie mir am nächsten Tag die Schläuche zogen, fühlte ich mich wie befreit. Auch für die Ärzte und die Schwestern war es ein großer Moment. Wir hatten das gemeinsam durchgezogen.

Jetzt war mir zumute, als würde ich jeden Moment meine Flügel ausbreiten und abheben. Ich hätte jeden der Frauen und Männer in Weiß küssen können, die lächelnd um mein Bett standen. So schmeckt also Freiheit, dachte ich.

Countdown

Die letzten Stunden auf der Krebsstation zogen sich wie Kaugummi. Ich glaube, das Warten ist mir noch nie so schwergefallen wie an jenem Novembertag im Jahr 2014. Der Abschlussbrief der Ärzte, Unterschriften, eine letzte Untersuchung. Vormittags gab es Notfälle auf der Station, Menschen kämpften um ihr Leben, und ich wollte von all dem nichts mehr mitkriegen. Wirklich, ich hatte keine Lust mehr. Ich wollte nur noch gehen.

Gegen drei Uhr nachmittags war es so weit. Endlich rief ich Walter an.

»Komm her! Das war's! Ich mache hier den Abflug.«

»Bin schon unterwegs!«

Selbstredend gab es Küsschen und Umarmungen. Stolz, Erleichterung und auch ein bisschen Abschiedsschmerz.

Eine Ärztin zwinkerte mir zu: »Keine Sorge, Schatz – wir sehen uns bald wieder«, sagte sie, und ich nickte ergeben. Sie spielte auf die Bestrahlung an. Nach der Chemo würde ich noch zwei, drei Wochen zu einer prophylaktischen Behandlung ins Krankenhaus kommen. Unerfreulich, aber verglichen mit dem, was wir durchlitten hatten, Pillepalle.

Frauentausch

Ich war bereits ein paar Tage zu Hause, als wir symbolisch Abschied feierten. Den Abschied vom Krankenhaus, von der monatelangen Chemotherapie – und von der Todesangst. Manchmal helfen Rituale beim Loslassen. Einen Punkt zu machen.

Die »Party« stieg unter dem Motto »Frauentausch« und galt nicht nur mir, sondern auch der Dame, die mich monatelang rasend gemacht hatte – und der ich doch zu Dank verpflichtet war. An diesem Nachmittag verabschiedeten Walter, Frank, ich und natürlich Junior Natascha.

Für einen Novembertag war es ungewöhnlich klar und sonnig. Als Walter mich auf unseren kleinen Balkon führte, sog ich überrascht die Luft in meine Lungen. Sie schmeckte nicht nach Winter.

Dann drückte Frank mir einen Hello-Kitty-Ballon in die Hand.

»Frauentausch für immer!«, stand auf der Vorderseite.

»Good bye, Natascha!«, auf der Rückseite.

»Die lässt du los, wenn es so weit ist«, wies Frank mich an.

Einstimmig zählten meine Freunde den Countdown, »Drei, zwei, eins« – bei »null« ließ ich die Schnur los.

Nur langsam gewann der Ballon Höhe. Der runde Katzenkopf trudelte herum wie ein Betrunkener, aber irgendwann kam er zur Ruhe und stieg in einer schönen geraden Linie auf, hoch und höher, bis seine Konturen sich im Blau verloren.

Das war ein schwereloser Augenblick.

Ich schwöre, nie war der Himmel über Köln so wunderschön wie an Nataschas Abschiedsfest.

III

Die singende Bulldogge

Rückkehr

Auf den ersten Seiten dieses Buches habe ich viel versprochen: Gott und der Teufel würden eine Rolle spielen, der Tod und das Leben, Walter und mein vierbeiniger Lebensretter. Kein Wunder – ab und an lasse ich ganz gern meine Muskeln spielen. Trotzdem ist mir sehr bewusst, dass man Versprechen einlösen muss. Mir ist bewusst, worauf der geneigte Leser die ganze Zeit wartet. Auf Juniors große Showeinlage. Auf ein bisschen Glanz und Glamour. Nach vielen Seiten, vielen Umwegen und vielen Abzweigen nähern wir uns endlich dem Tag, an dem Junior unser Leben zum zweiten Mal umkrempelte. Wir nähern uns, aber noch sind wir nicht angekommen.

Jeder Anfang ist schwer, sagt man, und der Neuanfang nach einer Krebserkrankung macht gewiss keine Ausnahme.

Tatsächlich hat es eine Menge Zeit gebraucht, bis ich wieder im Leben Fuß fasste. Bis Junior, Walter und ich wieder an dem Punkt ankamen, an dem unser Leben acht Monate vorher gewaltsam unterbrochen worden war.

Und da ist noch etwas anderes. Unser Neuanfang fällt mit einem Abschied zusammen. Mit der Trennung von einem geliebten Menschen. Wenn ich diese Geschichte erfunden hätte, würde ich nicht in einem Atemzug Anfang und Ende sagen. Aber diese Freiheit hab ich nicht. Im echten Leben geschieht vieles gleichzeitig. Was das heißt, begriff ich, als ich im Krankenhaus lag und Walter in Barcelona tanzen sah. Vielleicht hat mich dieser Augenblick verändert. Das Bewusstsein, dass im Moment des größten Glücks auch Schmerz und Trauer sind.

Nach meiner Entlassung ging alles unendlich langsam voran. Als man mich in die Uniklinik eingewiesen hatte, war ich ein Kranker gewesen, der vollkommen gesund aussah. Jetzt war ich gesund, aber alle hielten mich für krank.

Während des letzten Chemozyklus hatte ich Wasser eingelagert. Keine meiner Hosen passte mir. Ich sah aus wie ein aufgeschwemmter alter Mann.

Wollte ich die Treppen zu unserer Wohnung hinaufgehen, musste ich fünfmal Pause machen. Auf der Straße sahen mich die Menschen an. Mitleid, Erschrecken, vielleicht Neugier. Um meine Glatze zu verdecken, trug ich Käppis, aber trotzdem hatte ich ein Krebsgesicht. Solange deine Augenbrauen fehlen, bist du unverkennbar krank.

Komisch war auch die Sache mit der Polizei. In den Wochen während und nach der Chemo wurde ich bei jeder Polizeikontrolle – insgesamt viermal – herausgewunken und gefilzt. Früher war ich ab und an wegen Schnellfahrens angehalten worden, aber so etwas war mir noch nie passiert. Für die Beamten sah ich mit meiner Glatze offenbar aus wie ein Ganove aus dem Balkan.

Am meisten litt ich damals unter Juniors Verhalten. Mein kleiner Freund und ich hatten einander über ein halbes Jahr lang vermisst. Für mich waren es acht Monate, für Junior fünfzehn Jahre. Kein Wunder, dass er fremdelte.

Dazu kam die Sache mit dem Geruch. Noch immer haftete mir offenbar ein Geruch an, der meinen Hund verwirrte.

Sein Verhalten normalisierte sich nur langsam. Als ein heller, zarter Flaum meinen Kopf bedeckte, interessierte sich mein Hund ein kleines bisschen mehr für mich, und als mein Haar so voll wie früher war, erkannte er mich endlich wieder an. Junior ist ein guter Diagnostiker, ich vertraue ihm mindestens so sehr wie den halbjährlichen Nachuntersuchungen in der Uniklinik. Solange mein Hund mich riechen kann, ist alles in Ordnung.

Dazu kamen jene Veränderungen, die man nicht sehen kann und die umso schwerer heilen. Seelische Wunden. Durch den Krebs hatte meine Seele Schaden genommen. Zu Beginn der Chemos hatte ich geträumt, ich wäre gesund; jetzt träumte ich, ich wäre krank und hätte meine Entlassung nur geträumt.

Jeden Morgen wachte ich schweißgebadet auf und tastete nach Walters Hand. Noch war ich nicht zu Hause angekommen. Ich war noch nicht in Sicherheit.

In der Klinik hatten sie mich darauf vorbereitet.

»Viele Patienten werden krank, nachdem wir sie entlassen haben«, hatte Maria mir erklärt.

»Wie meinst du das, ich dachte, ihr macht sie gesund?«

»Psychisch krank, Manu. Die Seele braucht oft etwas länger als der Körper, weißt du. Die meisten Krebspatienten leiden nach der Behandlung unter starken Depressionen. Wir empfehlen einen Aufenthalt in einer Rehaklinik.«

Maria wollte mir einen Weg zurück ins Leben aufzeigen. In einer entsprechenden Einrichtung würde ich nicht nur lernen, mich richtig zu ernähren und zu bewegen – ich würde auch lernen, jene Angst zu besiegen, die jeden Krebspatienten quält. Die Angst vor dem Rückfall.

Schon während sie redete, hatte ich gespürt, wie sich alles in mir verhärtete.

Ich wollte keine Therapie mehr – keine Form von Therapie. Keine Praxis und keine Krankenanstalt mehr von innen sehen.

»Nein, ich schaff das«, sagte ich bestimmt. »Ich werd nicht depressiv.«

Ich habe es geschafft; ich war bei keinem Seelenklempner und habe keine Psychopharmaka geschluckt, aber ganz ohne »Therapie« bin ich nicht ausgekommen. Mir halfen Walter – und mein vierbeiniger Freund. Walter, Junior und ich nahmen uns Zeit für alles. Wir dehnten unseren Radius nach und nach aus, ich ging wieder unter Leute, wir trafen Juniors Freunde im Hundepark. Stundenlang kuschelten wir auf dem Sofa.

Erst jetzt erzählte Walter mir, dass ich während der Chemotherapie nicht der einzige »Sorgenfall« gewesen war.

Das war, als wir am Neujahrstag durch Köln spazierten. »Weißt du, auch Junior wirkte unglücklich, beinahe depressiv, als du nicht da warst«, begann er. »Wenn ich zu Hause war, wich er mir nicht von der Seite. Er brauchte Zuwendung, die ich ihm in meiner Überforderung nicht geben konnte. Er hat dich sehr vermisst.«

Jetzt lebte Junior wieder auf. Er brauchte mich, und ich brauchte ihn. Während der Chemotherapie hatte ich den Gedanken an ihn verdrängt, so gut es ging. Ich musste weitermachen, durfte mich nicht von Verzweiflung bremsen lassen. Jetzt begriff ich wirklich, dass er mich gerettet hatte.

Ab Mitte Januar ging ich regelmäßig zur prophylaktischen Bestrahlung in die Uniklinik. Es machte mir nicht viel aus, in einer Röhre zu liegen, während ein grüner Lichtstrahl auf meine Lenden gerichtet war. Auch dass die Haut danach gerötet war, brannte und juckte, konnte ich verkraften. Aber der Moment, wenn ich die Tür zur Station aufstieß und mir Krankenhausgeruch entgegenschlug, war kaum zu ertragen. Jedes Mal verdoppelte sich meine Herzfrequenz. Jedes Mal kämpfte ich gegen den Drang, die Tür wieder zuzumachen, mich umzudrehen und auf Nimmerwiedersehen zu verschwinden. Ich brauchte alle Willenskraft, um ihm zu widerstehen. Um einen Schritt vor den anderen zu setzen. Mein Kopf wusste, dass sich die Dinge verändert hatten, dass ich jetzt kommen und gehen konnte. Aber die Nachricht kam noch nicht in meinem Körper an. Das war merkwürdig. Mein Körper schaltete auf Fluchtmodus. Er sagte, lauf, bevor dieser Ort dich gefangen nimmt und nicht mehr gehen lässt.

Erst als ich den letzten Bestrahlungstermin hinter mir hatte, war ich wirklich frei. Als es endlich so weit war, schrieb ich Toni eine kurze Nachricht. Das war Ende Februar, kurz vor meinem Geburtstag.

»Hallo, Toni. Ich hab es überlebt. Ich hoffe, es geht dir gut. Dein Manu«

Am nächsten Morgen klingelte das Telefon.

»Manu!« Mein Exfreund klang kleinlaut. »Es tut mir so leid. Ich habe einen Fehler gemacht. Kannst du mir verzeihen?«

Seine Stimme zu hören war schön. Nach unserem Zerwürfnis hatte ich jeden Gedanken an Toni abgewehrt, alles andere wäre zu schwer gewesen. Jetzt wurde mir bewusst, dass ich monatelang die Angst zum Schweigen gebracht hatte, meinen Exfreund nicht mehr zu sehen. Zu sterben, ohne meinen Frieden mit ihm gemacht zu haben.

An diesem Morgen bat Toni mich, ihn zu besuchen. Obwohl ich noch schwach war, stimmte ich zu. Ich hatte sechs Chemozyklen überstanden, was könnte mir eine Flugreise in die Schweiz schon anhaben?

Toni holte mich am Flughafen ab. Am Gate umarmten wir einander sekundenlang, zwei Überlebende. Ohne ein Wort nahm er mir die Reisetasche ab. Er sah gut aus, schlank und durchtrainiert. Der Krebs hat dir nicht einmal eine Falte in die Stirn gegraben, dachte ich, während ich ihm langsam durch die großen Hallen folgte.

Es war ein grauer, regnerischer Wintertag. Im Wagen mischte sich das monotone Geräusch der Scheibenwischer mit Jazzmusik aus seiner hochmodernen Anlange. Unser Schweigen während der Fahrt in den Kanton Thurgau war freundschaftlich. Dem Krebs war es nicht gelungen, dauerhaft einen Keil zwischen uns zu treiben.

Den ganzen Nachmittag verbrachten wir im Haus. Der Regen ließ nicht nach. Wir saßen an seinem riesigen Küchentisch, tranken Tee aus gutem Porzellan und sahen zu, wie das Wasser feine Linien auf die Panoramafenster zeichnete.

Am Abend wechselten wir in den Chill-out-Room. Toni wirkte aufgeräumt und heiter. Er sah in unserer Heilung eine

Fügung. »Gott hat uns wieder vereint«, erklärte er ruhig. Heute würde ich seinen Zustand am ehesten als still euphorisch bezeichnen, aber damals war ich weit davon entfernt, darüber nachzudenken, wie er sich verhielt. Auch was er sagte, war mir relativ egal. Wir waren Freunde, die nach langer Zeit wieder einen guten Moment teilten.

Toni ließ es sich nicht nehmen, mich am nächsten Morgen selbst zum Flughafen zu bringen. Vor dem Check-in-Schalter nahm er mich am Arm.

»Hör zu, ich hab noch eine Bitte.«

Ich sah ihn fragend an.

»Sag Walter, dass es mir leidtut. Ich hätte diese Sachen niemals sagen dürfen. Und bitte – bring ihn einmal mit hierher. Dein Freund ist mir jederzeit willkommen.«

Tonis Reue rührte mich. Er nahm Walter und mich mit derselben Entschiedenheit wieder in seinem Leben auf, mit der er uns vor einigen Monaten daraus ausgeschlossen hatte. Ich betrachtete ihn einen Augenblick lang schweigend.

»Ja«, sagte ich dann. »Ich richte es ihm aus …«

Toni kratzte sich am Kinn. »Danke«, sagte er leise, und ich spürte, dass es ihm ernst war.

Als ich nach Hause flog, fühlte ich mich wie befreit. Toni und ich hatten endlich unseren Frieden gemacht. Der Pilot sagte den Sinkflug an, und während ich den Gurt schloss, wusste ich plötzlich, welchen Wunsch ich Walter und mir erfüllen würde. Seit über zehn Jahren sparte ich auf ein Cabrio. Jetzt würde ich mein Konto plündern.

Drei Tage später wanderte ich mit meinem Liebsten durch die Hallen des Kölner BMW-Händlers. Als ich den Wagen sah, wusste ich es sofort: Von diesem Modell träumte ich, seit ich ein Teenie war. Schwarz glänzend und windschnittig, mit 200 PS. Black Beauty. Eine Schönheit aus Chrom und Stahl. Ich war sofort verliebt.

Als Walter und ich nach Hause fuhren, war die Welt in Ordnung. Der Motor schnurrte wie ein Kätzchen und die Boxen hatten einen irren Sound. Geschwindigkeit und Leichtsinn, *la dolce vita* – diese Kutsche stand für alles, was ich verloren hatte. Sie war der Inbegriff des Neubeginns.

Die Zeit der Albträume war vorbei.

Während ich mein Baby durch Köln steuerte, erzählte ich Walter, was Toni gesagt hatte. Ich habe schon erwähnt, wie sanftmütig mein Freund ist. Dass gar nichts Böses in ihm lebt. Eigentlich entbehrte es nicht einer gewissen Komik, dass Toni ausgerechnet in ihm einen Verbündeten mit der dunklen Macht gesehen hatte. Walter ist auch nicht nachtragend.

»Du magst ihn, und wenn es dir wichtig ist, fahren wir gemeinsam hin«, erbot er sich. »Ich würde wirklich gerne sehen, was er aus dem alten Hof gemacht hat.«

Auch dieser zweite Besuch im Thurgau war entspannt und schön. Toni war der geborene Gastgeber, und Walter staunte, als er das Anwesen besichtigte. »Das ist ja eine richtige Wellnessoase!«, raunte er mir zu, während wir im beheizten Whirlpool lagen und in die Landschaft guckten.

Toni lebte zwar zurückgezogen, aber er war nicht allein auf seinem Gut. Er hatte Tierpfleger und einen Gärtner, eine Haushaltshilfe. Alles war geordnet, und wir genossen die Ruhe auf dem Anwesen. Sogar Junior, ein ausgesprochener Stadthund, fühlte sich in diesen Tagen sichtlich wohl. An Barnebys Seite entdeckte er seinen verkümmerten Jagdtrieb wieder. Hechelnd hetzte er mit seinem Hundefreund durchs

Unterholz. Es sah beinahe aus, als hielte mein Bully sich für einen English Pointer.

Zurück in Köln, empfing uns der Frühling. Ich begann, verbissen zu trainieren. Im Sommer wollten wir reisen, und ich hatte nicht vor, neben Walter eine schlechte Figur zu machen. Nur wenn ich nach dem Training zwei Tage lang nicht gehen konnte, war ich mit mir zufrieden. Vielleicht klingt es merkwürdig, aber nach dem Krebs war diese Form körperlicher Erschöpfung eine echte Wohltat. Langsam verbesserte sich meine Haltung. Mein Körper nahm wieder Spannung an und ich verlor Gewicht. Natürlich ging es mir auch ums Aussehen, aber im Vordergrund stand etwas ganz anderes. Früher hatte ich trainiert, um die Leute mit meinem Riesenbizeps und meinen dicken Titten – verzeiht, aber so war es – zu beeindrucken. Ich wollte auffallen, und ich brauchte Bewunderung wie andere die erste Tasse Kaffee nach dem Aufstehen. Das war nun Vergangenheit. Während meiner Erkrankung hatte ich begriffen, dass Liebe nicht nach Muskeln guckt. Dass Stärke sich nicht an der Menge von Hanteln bemisst, die du mit einer Hand stemmen kannst. Das Training bedeutete für mich zuallererst, wieder gesund zu werden. Ich wollte zurück ins Leben.

In dieser Zeit dachte ich nicht oft an meinen Freund im Thurgau. Walter, Junior und ich waren ganz bei uns, wir konzentrierten uns darauf, wieder im Alltag anzukommen.

An einem Wochenende im März rief Toni an. Er klang aufgebracht und durcheinander. Nachts hatte Barneby angeschlagen und am Morgen war meinem Exfreund die Unruhe der Tiere aufgefallen. Sie waren noch im Stall, obwohl sie längst auf der Weide stehen sollten. Als er näher trat, sah er, dass ihre Futtertröge leer waren. Wütend – Toni hasste es, wenn etwas nicht nach Plan lief – stieg er den Dachboden hinauf, wo sein Angestellter wohnte. Als niemand auf sein Klopfen reagierte, sperrte er mit seinem Schlüssel auf. Das Bett war ungemacht, die Schränke waren leer geräumt, der Tierpfleger war fort.

»Das passiert jetzt schon zum zweiten Mal!« Tonis Stimme vibrierte vor mühsam kontrollierter Wut.

Mein Exfreund fühlte sich betrogen – aber in erster Linie wirkte er auf mich verunsichert. Alleine konnte er den Hof nicht mal eine Woche lang bewirtschaften. Er war zwar Gutsherr – aber alles andere als praktisch veranlagt.

Für mich kam sein Malheur nicht unerwartet. Toni zog die falschen Menschen an. Hatte er einmal Vertrauen gefasst, war er stets großzügig. Er schenkte seinen Angestellten teure Schweizer Armbanduhren und Smartphones, bezahlte überdurchschnittliche Gehälter und half ihren Familien. Er dachte, so könnte er sie an sich binden.

Tatsächlich weckte er mit seinem Großmut oft niedrige Regungen, Raffgier und Verlogenheit.

Ich glaube, auch dieser gottverlassene Ort hat dazu beigetragen: ein Hof mitten im Wald, bewohnt von einem versponnenen Millionär, einem Jack Russel und einem halben Dutzend Alpakas. Wenig Arbeit, ein Riesengehalt und weit und breit keine Dorfkneipe, wo man den Lohn verprassen könnte. Keine Frauen, keine Kinder. Keine Traktoren. Kein Land, das zu bestellen war. Wie sollten junge Männer, die auf kleinen Höfen in Polen oder Ungarn mit Milchkühen und zwei Morgen Ackerland aufgewachsen waren, sich hier zurechtfinden? Wie sollten sie Tonis Leben verstehen? Kein Wunder, dass sie sich die Taschen vollstopften und bei der ersten Gelegenheit Reißaus nahmen.

Während ich Toni tröstete, kam mir eine Idee. Mein Exfreund brauchte keine Stallburschen mit kräftigen Armen und derbem Humor. Er brauchte jemand Besonderen. Einen unvoreingenommenen Menschen. Die Herausforderung bei diesem Job bestand nicht im Umgang mit den Tieren – sondern im Zusammensein mit ihm.

»Du musst das anders angehen«, sprach ich meinen Gedanken laut aus.

»Wie bitte?« Offenbar hatte ich Toni gegen alle Regeln der Höflichkeit mitten im Satz unterbrochen – etwas, das er gar nicht leiden konnte.

»Du brauchst jemand Besonderen. Schreib die Stelle anders aus. Schreib, du suchst jemanden, der eine ungewöhnliche Herausforderung sucht. Keinen Stallburschen – einen Tier- und Menschenfreund. «

In seiner Verzweiflung hörte Toni auf meinen Rat – und hatte Glück. Er fand einen Helfer mit großem Herz.

In den folgenden Wochen hörte ich nicht viel von ihm. Einmal schrieb mein Exfreund, wie gut sich das Leben auf dem Hof entwickele. Der neue Mann komme sogar mit »Biber« aus – dem eigenwilligen Anführer der Alpaka-Gang. Alles war in Ordnung – bis Tonis neuer Angestellter eines Morgens bei uns anrief.

Als das Telefon klingelte, lag ich mit Junior auf dem Sofa, blätterte in einer Zeitschrift und freute mich auf die Clubsandwiches, die Walter in der Küche zubereitete. Das Display verriet mir, dass der Anruf aus der Schweiz kam. Ich hatte kaum »*Pronto!*« gesagt, schon brach es aus dem Mann heraus.

»Daniel hat mir Ihre Nummer gegeben. Er ist sehr schwach. Ich weiß nicht, was ich tun soll –.«

»Moment.« Ich versuchte, Ruhe in meine Stimme zu legen. »Was ist passiert? Erzählen Sie erst mal.«

Wie sich herausstellte, war Toni am Steuer seines Porsche Panamera kollabiert. Sein Angestellter saß neben ihm auf dem Beifahrersitz, als er plötzlich über starkes Kopfweh klagte. Schmerzen, Sichtprobleme. Mein Exfreund schaffte es gerade noch, an den Straßenrand zu fahren, bevor er ohnmächtig über dem Lenkrad zusammensank. Als er wieder zu sich kam, war er unfähig zu fahren. Ich weiß nicht, wie die beiden nach Hause kamen – sein Mitarbeiter hatte keinen Führerschein, und sie befanden sich auf einer einsamen Landstraße mitten im Wald. Ich stelle mir vor, dass der Mann in der Kälte auf der Straße stand und wartete, bis das Fernlicht eines anderen Fahrzeugs aufleuchtete. Er hielt den Wagen an und bat um Hilfe. Merkwürdig, aber darüber haben wir an diesem Tag gar nicht gesprochen. Uns beschäftigte die Frage, wie es weiterging.

»Der Arzt hat Daniel sofort ins Krankenhaus überwiesen, und da haben sie eine CT-Aufnahme gemacht«, noch immer klang er atemlos. »Der Krebs ist wieder da. Sie fürchten, dass er nicht lange stabil bleibt.«

Von einem Tag auf den nächsten sah der Mann sich einer ganz anderen Aufgabe gegenüber. Jetzt sollte er die Tiere versorgen, einen Hof hüten – und unseren schwer kranken Freund pflegen.

Sieben Tage später fiel Toni im Badezimmer hin und stand nicht mehr auf. Sein Helfer trug ihn ins Bett, der Arzt kam und diagnostizierte eine halbseitige Lähmung. Rollstuhl bis zum Schluss. Der Tumor in Tonis Kopf war gewachsen, und es war nur eine Frage der Zeit, bis er ihn tötete. Toni war innerhalb von drei Wochen zu einem Pflegefall geworden.

Walter und ich flogen sofort in die Schweiz. Unterwegs sprachen wir nicht viel.

»Er wird nicht ins Krankenhaus wollen«, vermutete Walter.

Ich nickte. »Glaubst du, er kann auf dem Hof bleiben?«

»Möglich. Ich weiß es nicht, Manu.«

Im Thurgau erwartete uns etwas, womit wir nicht gerechnet hatten. Toni wirkte heiter. Es sah aus, als hätte er sich bereits mit der Diagnose abgefunden.

Abends kochte ich Pasta, und wir berieten die Lage an Tonis Küchentisch. Es hatte beinah etwas Komisches. Ein Krebskranker, ein Genesender – und Walter, der sich noch immer von den Schrecken des vergangenen Jahres erholte. Drei Versehrte, die nicht aufgaben. Ein merkwürdiger Krisenstab.

Wie immer saß Toni am Kopfende des schweren Tisches – auch im Rollstuhl blieb er derjenige, der das Sagen hatte. Mit einer Mischung aus Verwunderung und Freude registrierte ich, dass der Krebs ihn nicht gebrochen hatte. Er schien nicht einmal verstört zu sein. Im Gegenteil, ich hatte das Gefühl, als beseele ihn eine rätselhafte Heiterkeit. An diesem Abend klärten wir das Wichtigste: Toni wollte nicht ins Krankenhaus. Er wollte bis zum Ende auf dem Hof bleiben – und sein Mitarbeiter hatte eingewilligt, ihn zu pflegen. Ein dritter Mann würde sich um die Tiere kümmern.

Später, als Walter das Geschirr in die Maschine räumte, begriff ich, warum mein Exfreund so gelassen wirkte.

»Manu, mach dich bereit«, sagte er mit jenem verschwörerischen Unterton, den ich schon von ihm kannte. Ich schickte ihm einen zweifelnden Blick.

»Zum Jahresende ist das hier vorbei. Du wirst schon sehen. Im Dezember gehen wir. Wir beide werden abgeholt.«

Tonis Blick war verschleiert, als richte er sich nur nach innen. Endlich habe er begriffen, dass diese Festung im Wald gar nicht nötig sei für das Überleben, sagte er. Zum Jahresende, wenn die Welt sich selbst zerstöre, würden wir errettet werden.

Ich weiß nicht mehr, ob ich meine Einwände schon an diesem Abend vorbrachte. In den folgenden Monaten fand Toni immer neue Worte für das, was er für seine Vision hielt. Meine Entgegnung war jedes Mal bestimmt, aber freundlich.

»Hör zu, ich will das gar nicht«, sagte ich. »Ich will Junior und Walter nicht verlassen. Der Himmel ruft noch nicht nach mir.«

Toni war unerschütterlich in seinem Glauben – und ich habe nicht versucht, ihn davon abzubringen. Sein Glaube gab ihm Kraft. Er machte ihn froh. So verrückt er auch sein mochte – dieser Glaube war es, der ihn der Verzweiflung entriss. Fantasien sind mächtig, und wer wollte sie verbieten, solange sie niemandem schaden. Toni starb an Krebs, aber er blieb er selbst. Bis zu seinem letzten Atemzug blieb Toni der Mann, der er gewesen war.

Ein Suchender.

Als Walter, Junior und ich am nächsten Morgen abfuhren, waren wir zuversichtlich. Toni würde hierbleiben – und wir würden ihn unterstützen, wo wir nur konnten.

Ich glaube, in seinem letzten Lebensjahr war mein Exfreund nicht unglücklich. Er fuhr mit seinem Rollstuhl über den Hof, Barneby auf den Knien, und erteilte Anweisungen. Sein Körper versagte ihm den Dienst, aber sein Wille war ungebrochen und sein Verstand arbeitete auf Hochtouren. Wie immer war er aufbrausend und herrschsüchtig. Ein Teller, der nicht zu dem übrigen Gedeck passte, konnte ihn auf hundertachtzig bringen. Dann wieder benahm er sich ruhig und sanftmütig. Stundenlang saß er in seinem Rollstuhl an der Koppel und streichelte Bibers weiches Maul.

Selbst als der Krebs ihn bereits ans Bett fesselte, wirkte er unverändert.

Mein Exfreund hatte während der vergangenen zehn Jahre einen hohen Zaun um sein Leben gezogen, er hatte der Menschheit den Krieg erklärt, und trotzdem war er nicht alleine, als er starb. Alle paar Wochen flogen Walter und ich in den Thurgau. Toni war mit einer kleinen Klingel ausgestattet, die er zu jeder Zeit und Unzeit bediente – und nicht ein einziges Mal ließ sein Pfleger ihn warten. Mir bereitete schon der Ton dieser Klingel Kopfschmerzen, ein helles, hohes Geräusch, das hysterisch durch das Riesenhaus schrillte. Überhaupt machten mir die Geräusche dort zu schaffen. Obwohl ich in einem Haus am Waldrand aufgewachsen bin, fuhr ich jedes Mal aus dem Schlaf hoch, wenn ein Fuchs bellte oder ein Käuzchen schrie. Wenn ich nachts ins Bad musste, hob ich den Blick nicht zu den Wänden. Ich hatte das Gefühl, als würde jeden Moment eines der düsteren Ölporträts zum Leben erwachen, die Toni für ein Heidengeld erstanden hatte. Vielleicht war es die Nähe des Todes. Ich war ihm gerade erst entkommen, und nun holte er einen meiner engsten Freunde.

Wenn wir bei ihm waren, habe ich nicht darüber nachgedacht. Toni brauchte meine Hilfe, also war ich für ihn da. So einfach war das.

Ich glaube, sein Rückfall kam für mich weniger überraschend, als ich mir damals eingestand. Mein Exfreund hatte sich lange zuvor für einen anderen Weg entschieden als ich.

Auf seinem einsamen Gehöft schloss er mit dem Leben ab, während ich es endlich wieder genießen wollte.

Jeder kennt dieses Gefühl: Nach einer langen Krankheit oder einer intensiven Arbeitsphase gehst du endlich wieder raus. Du trittst vor die Haustür, guckst in den Himmel und atmest die frische Luft ein. Du spürst, wie sich deine Lungen weiten. Dann gehst du los, und mit jedem Schritt wird dir leichter ums Herz. Alles in dir drängt hinaus, ins Freie. Alles öffnet sich.

Dieses Gefühl verbinde ich vor allem mit einem Tag im Herbst 2014, der begann wie jeder andere. Walter und ich wollten mit Junior zum Kölner Central Park: der Hundewiese gegenüber dem Aachener Weiher. Es war einer der letzten schönen Tage im Jahr, und wir fuhren mit offenem Verdeck.

Als wir auf der Straße waren, drehte ich das Radio auf. Bei meinen Eltern höre ich gern Fado, auf der Tanzfläche mag ich House-Musik, und im Auto höre ich am liebsten Lovesongs und Chansons.

Jetzt spielten sie einen Song, von dem ich Gänsehaut bekam. »Say something«, interpretiert von Christina Aguilera.

Während ich mitsang – ich kannte jedes Wort auswendig –, stupste ich meinen Hund aufmunternd an: »Komm schon, Junior, zeig, was du kannst.« Das ließ er sich nicht zweimal sagen. Sofort fiel Junior ein. Er jaulte, quietschte und wimmerte, die platte Schnauze himmelwärts gereckt. Mein Bully hat eine ziemlich hohe Singstimme – ein Hundesopran, würde ich sagen. Am meisten liegen ihm lang gezogene Schlussakkorde, und seine Mimik ist bühnenreif. Wirklich, er könnte es mit der Callas aufnehmen.

Für mich war die Nummer allerdings nichts Neues. Seit Junior acht Wochen alt ist, singen und reden wir miteinander. Wie die meisten Menschen singe ich, wenn ich mich unbeobachtet fühle; unter der Dusche und beim Autofahren. Ich fühle mich unbeobachtet – aber ich bin es nicht. Schließlich ist Junior immer bei mir. Wenn ich unter der Dusche singe, hockt er sich gerne in die Tür, so nah wie möglich, aber in sicherer Entfernung, damit er keine nassen Pfoten kriegt. Und dann jault und singt er mit.

Mein Hund hat eben eine musikalische Ader – genau wie ich.

Das eigentlich Überraschende an diesem Morgen war Walters Reaktion. Mein Freund starrte uns entgeistert an. Dann prustete er los. Er lachte so laut, dass Junior und ich beinahe aus dem Takt gerieten, er bog sich vor Lachen und bebte am ganzen Körper.

Dann zückte er sein Smartphone und hielt drauf. Erst als die Moderatorin das nächste Stück ansagte, beruhigte er sich langsam.

»Wahnsinn«, japste er. »Dein Hund singt! Du hast eine singende Bulldogge!«

»Ja, klar«, ich grinste, »wusstest du das nicht?«

Via HotSpot postete Walter das Video von unterwegs auf seiner Facebook-Seite. Junior machte auf der Hundewiese den Dicken, während sein Video um die Welt ging. Es geschah, was man den Schneeballeffekt nennt: Unsere Freunde teilten es, deren Freunde teilten es wieder und so weiter und so fort. Als wir gut gelaunt nach Hause kamen, war aus unserem Bully bereits ein Star geworden. Im Sekundentakt empfing Walter Freundschaftsanfragen von Menschen aus allen Erdteilen. Grüße, Danksagungen. Junior hatte irgendeinen Nerv getroffen.

Nach drei Tagen hatte unser kleines verwackeltes Video laut Facebook 3,2 Millionen Menschen erreicht.

Nach vier Tagen sahen wir unseren vierbeinigen Freund im Fernsehen. Junior sang auf RTL. Dann erschien er in der Online-Ausgabe der BILD. Sogar der FOCUS zeigte ihn. Ohne dass wir davon wussten oder der gewerblichen Nutzung unserer Urheberrechte zugestimmt hätten, hatte eine Firma unser Video diversen Online-Portalen zur Verfügung gestellt. Heute glaube ich, irgendwer hat damit ziemlich viel Geld verdient. Aber Junior hat es bekannt gemacht.

Alle Nachrichten, die bei uns eingingen, hatten eines gemeinsam: Juniors Fans sagten, das Video habe ihnen gutgetan.

»Heute ging es mir echt dreckig«, schrieb Nico73 aus Hamburg, »bis ich Eure singende Bulldogge gesehen habe. Danke dafür!«

So merkwürdig es klingen mag – Juniors Geheul war Balsam für die Seele. Unser Hund sang für die Arbeitslosen und Kranken, die Verlassenen und Verzweifelten. Juniors Geheul wirkte wie ein Antidepressivum, aber es hatte keine Nebenwirkungen. Als dieser erste Clip um die Welt ging, wussten die Menschen nichts von meiner Geschichte. Sie wussten nicht, dass Walter und ich Junior nicht weniger verdanken als unser Lebensglück. Manchmal glaube ich, die Botschaft kam trotzdem an. Vielleicht ist irgendetwas in dem Video verborgen, das du mit bloßem Auge nicht erkennen kannst. Irgendein Hinweis darauf, dass wir drei nicht immer in einem schicken Cabriolet gesessen und geträllert haben.

Walter sagt manchmal, er würde die Unbeschwertheit unserer ersten gemeinsamen Monate vermissen: das Gefühl, ewig zu leben. Ich kann ihn verstehen, aber für mich ist es anders. Für mich hat das Glück eine andere Intensität bekommen.

Juniors Erfolg hatte etwas Unwirkliches. Wie Grumpy Cat – die Katze mit dem mürrischen Gesichtsausdruck – war Junior über Nacht ein Megastar geworden. Auch wir waren plötzlich schwer gefragt. Das war ein bisschen wie in der »Rudi Carrell Show« der Achtzigerjahre: »Eben noch auf der Krebsstation und jetzt auf der Showbühne«. Noch vor nicht allzu langer Zeit hatte ich mich als Unglücksbringer gefühlt, als Mann, dessen Anblick traurig macht, und jetzt brachten wir Menschen auf der ganzen Welt zum Lachen.

Das war, als würde das Leben bei uns anklopfen und sagen: »Hey, ihr seid zurück! Das müssen wir feiern!«

»Meinst du, Justin Bieber hat sich auch so gefühlt?«, fragte mich Walter mit einem Grinsen. »Den haben auch soziale Netzwerke bekannt gemacht – wie deinen Junior!«

Die Vorstellung brachte mich zum Lachen.

»Auf jeden Fall fühlt es sich aufregend an – aufregend und schön!«

Die Frage war, wie wir mit Juniors Ruhm umgehen sollten. Wie verhältst du dich in einer solchen Situation?

Wir beschlossen, meinem Bully eine Fanseite auf Facebook zu eröffnen. Dann posteten wir Fotos, Videos und kleine Texte über das Leben mit unserem Gesangstalent. Langsam, aber stetig wuchs die Fangemeinde. Irgendwann hatte Junior fünfhundert Facebook-Freunde – mehr als Walter und ich. Nach sechs Wochen waren es tausendfünfhundert.

»Das ist ja gewaltig!«, rief Walter. »Hättest du das für möglich gehalten?«

Wenn uns jemand ein paar Wochen vorher erzählt hätte, dass wir mit Feuereifer einen Hundeblog auf Facebook führen würden, hätten wir ihn ausgelacht. Und wir ahnten nicht, dass Juniors Stern noch weiter steigen sollte. Inzwischen hat die Seite facebook.com/junior.frenchbulldog sage und schreibe 172.400 Fans – das ist für mich noch immer unvorstellbar.

Irgendetwas schien die Menschen zu berühren. War es die Vertrautheit zwischen meinem Bully und mir? Oder Juniors komisches Talent? Die »Kulisse« unserer Videos – das Cabrio, der Fahrtwind und der Soundtrack aus den Boxen? Oder war es einfach Juniors Ungezwungenheit?

Unser Bully lieferte nicht auf Knopfdruck – ein Umstand, der uns später manchmal in Verlegenheit brachte. Dann saßen wir neben unserem Hundefreund vor laufenden Kameras und sangen uns die Kehle aus dem Leib – während er ungerührt an einem Knochen nagte. Junior ist eben nicht trainiert, er singt nur, wenn es ihm gefällt. Und wollen wir das nicht alle? Leben, wie es uns behagt, spontan, im Augenblick?

Das Internet lässt die Welt näher zusammenrücken. Das weiß zwar jeder, aber es fühlt sich komisch an, wenn man es hautnah miterlebt. Wir bekamen Nachrichten aus der ganzen Welt; von Texas bis China, von Brasilien bis Wien. Eltern zeigten ihren Kindern vor dem Einschlafen Juniors Clips, anstatt Gutenachtlieder zu singen. Ganze Schulklassen verfolgten täglich unsere Postings. Fans, die ihren Hund vermissten, schrieben uns, Juniors Anblick sei ihnen ein Trost.

Überraschend war, dass auch unsere ungewöhnliche »Familienkonstellation« Anklang fand. Zwei Männer und ein Bully. Ab und an wurde auf Juniors Seite über die Art unserer Beziehung spekuliert – aber nie äußerte sich irgendwer abfällig. Es war schön, das zu sehen. Bis heute zählt auf Juniors Seite nicht, welche Hautfarbe du hast, wie alt du bist oder wen du liebst. Auf Juniors Facebookseite herrschen »Peace & Harmony« und das ist gut so.

Im November 2014 beschlossen wir, dass wir seinen Fans ein richtig gutes Video schuldeten. Ohne Hintergrundrauschen und Wackelkamera. Mit diesem Entschluss, den wir eines Morgens beim Frühstück fassten, traten wir eine Lawine los.

Wir suchten drei Songs aus, setzten uns ins Cabrio und schlossen das Verdeck. Wie immer saß Junior zwischen uns.

Dann drehte ich den Sound auf. Die Wahl war unter anderem auf ein Stück gefallen, das viel mit uns zu tun hat. Es handelt von der Liebe und davon, wie sie dich aufrichtet. Wie sie dich wachsen lässt: »You raise me up« von Westlife.

»You raise me up so I can stand on mountains / You raise me up to walk on stormy seas / I am strong when I am on your shoulders / You raise me up to more than I can be.«

Junior gab alles. Er jaulte, schluchzte, schluckte und grunzte. Sein Einsatz war einfach perfekt. Er sah von mir zu Walter, er legte seinen dicken Kopf auf meine Schulter, und ich schwöre, dass seine Hundeaugen glänzten.

Als wir uns das Video zu Hause ansahen, begriff ich, dass in Junior Talente schlummerten, von denen wir nichts geahnt hatten. Der Hund war telegen! Er hatte das gewisse Etwas, den X-Faktor, den Heidi Klum bei ihren Nachwuchsmodels oft vermisst.

Bis heute ist »You raise me up« unser größter Hit geblieben. Fünfundsiebzig Millionen Klicks nach einer Woche: ein

Facebook-Rekord. Es löste einen Hype aus, der uns beinahe unheimlich war. Wir verbrachten Tage damit, Juniors Fanpost zu lesen. Jetzt wurden auch die Medien aufmerksam. Das Telefon stand nicht mehr still.

In helle Aufregung versetzte uns ein Anruf aus Übersee. Das Team von Ellen DeGeneres, einem US-amerikanischen Megastar, rief an. »Hört mal«, die Stimme klang euphorisch: »Junior sammelt mit seinen Videos mehr Klicks ein als Madonna und Lady Gaga zusammen. Das ist unglaublich! Können wir aus der Story einen kleinen Gag machen? ›Madonna und Lady Gaga singen zusammen nicht besser als ein jaulender Hund‹? So was in der Art? Natürlich wollen wir auch Juniors Video in Ellens Show zeigen. Was sagt ihr, einverstanden?«

»Ja, klar!« Die Vorstellung brachte mich zum Lachen. Dass unser Song die aufwendigen Videoproduktionen der Pop-Diven ausstach, war wirklich gut.

Wenig später meldete sich ein Fernsehsender aus Tokio. Als wir das Interview via Skype gaben, brach die Verbindung sechsmal ab. Trotzdem gelang es dem Fernsehteam, einen witzigen Beitrag zu produzieren, der im Rahmen des japanischen Frühstücksfernsehens ausgestrahlt wurde.

Aus Großbritannien meldete sich das Team von »RudeTube«. Die Sendung wird in UK auf E4 ausgestrahlt und zeigt wöchentlich Videos zu einem bestimmten Thema. Ein Redakteur flog zu uns nach Köln und interviewte uns geschlagene drei Stunden.

Zu Fernsehehren schafften wir es auch in Brasilien. Dort gibt es eine Sendung, die wöchentlich Videoclips aus dem Internet zeigt. Junior war mit seinen Videos Dauergast – und bewies, dass die Brasilianer nicht nur deutschen Fußball lieben, sondern auch singende Bulldoggen.

Auch in Dubai und Spanien, in Frankreich und den Niederlanden war Junior schon ein Fernsehstar, bevor sich deutsche Medien für unseren Bully interessierten.

Wenige Wochen nach der Eröffnung unserer Fanseite drehte »Gassi TV« ein Interview mit uns. Schon im Vorgespräch hatten wir der Moderatorin von meiner Erkrankung erzählt, und als die Kamera lief, sprach sie das Thema wieder an. Wir saßen mit Junior bei uns zu Hause auf unserer schwarzen Ledercouch, und ich erzählte, wie er mich gerettet hatte. Während ich sprach – natürlich war ich aufgeregt –, kuschelte sich Junior in meine Arme und hielt still.

»Als er mir an die Eier ging, dachte ich, der Hund muss kastriert werden«, erklärte ich. »Ich dachte, jetzt musst du dran glauben, mein Freund – aber dann musste ich dran glauben.« Und Junior lehnte seinen dicken Kopf schwer gegen meine Schulter. Vielleicht hat er gespürt, wie sehr mich die Erinnerung mitnahm.

Sehe ich mir das Interview von »Gassi TV« heute an, fällt mir auf, wie dünn ich war. Für Außenstehende sah ich gesund aus, als wäre alles überstanden. Aber so war es nicht. Noch nicht.

Ein paar Wochen später rief das Team von Martin Rütter an.

Deutschlands bekanntester Hundetrainer und sein Team planten eine Unterhaltungsshow, die kurz vor Silvester ausgestrahlt werden sollte. Eine Art tierischer Jahresrückblick.

Wir waren baff. Natürlich sagten wir zu.

Bei der Aufzeichnung trug Junior zum ersten Mal die schwarze Fliege, die heute sein Markenzeichen ist. So wie Joopi Heesters Zylinder, wenn dieser Vergleich erlaubt ist. Vor der Show hatten Walter und ich echtes, glühend heißes Lampenfieber. Schon die riesigen Filmhallen in Köln-Ossendorf flößten uns Respekt ein. Der Weg zum Studio 15 kam uns endlos vor. Ganz anders erging es Junior. Mein Bully trabte durch die Hallen, als hätte er nie etwas anderes getan. Er lief vor uns her, schnüffelte an jeder Tür und begrüßte jeden der Fernsehleute persönlich. Martin Rütter probte bereits auf der Bühne, als wir den großen Aufnahmesaal betraten.

»Hey, Junior«, rief er freudig, »da bist du ja«, und unterbrach die Probe. In diesem Moment fiel die ganze Aufregung von uns ab. Während wir uns mit dem Moderator unterhielten, wurde auf der Bühne eine Showeinlage abgedreht. Eine Akrobatin, die am ganzen Körper bemalt war wie eine Riesenspinne, verdrehte und verrenkte ihre Glieder im Licht der Kameras. Mir wurde schon vom Zusehen schwindelig. Plötzlich brach das ganze Team in Lachen aus. Unbemerkt hatte Junior die Bühne erklommen. Die Spinnenfrau gefiel ihm, und er zeigte seine Zuneigung, indem er ihr die Wange abschleckte. Natürlich musste die Aufnahme unterbrochen werden. Junior aber erntete Applaus.

Martin Rütter platzierte seinen Gesang an diesem Abend ganz oben: an der Spitze der Hitliste tierischer Darbietungen aus dem vergangenen Jahr – und damit noch vor dem Videobeitrag von »Grumpy Cat«.

Ich weiß noch, dass mich Rütters Worte rührten. »Wissen Sie«, wandte er sich an sein Publikum, »kürzlich saß ich mit einem Freund im Auto. Er starrte gebannt auf sein Smartphone, während ich den Wagen lenkte. Neugierig geworden, riskierte ich einen Blick auf das Video, das ihn so faszinierte. Und dann musste ich rechts ranfahren vor Glück.«

Der »Tierische Jahresrückblick« wurde am 30. Dezember ausgestrahlt.

Toni hat die Sendung nicht mehr sehen können. Er starb am 23., einen Tag vor Weihnachten. Ungefähr ein Jahr nachdem man mich aus dem Krankenhaus entlassen hatte.

Als er ging, war ich in seiner Nähe. Sein Pfleger hatte mich rechtzeitig angerufen. »Ich glaub, es geht zu Ende«, hatte er gesagt, »wollt ihr ihn noch mal sehen?«

»Natürlich – ja, wir kommen.«

An dem Tag, als Toni starb, war alles weiß. Himmel und Erde. Nachts hatte es geschneit, und in der Früh hatte sich Nebel auf das Land gesenkt. Der Hof, die Scheune und die großen Tannen am Grundstücksrand waren zarte Schatten auf einer weißen Leinwand. Man sah kaum die Hand vor Augen. Der Boden war noch nicht gefroren, und trotz meiner schweren Stiefel hatte ich das Gefühl, als liefe ich auf Watte. An diesem Tag war es sehr still. Der Schnee schluckte jedes Geräusch. Als wir mit den Hunden draußen waren, ließen wir sie nicht von der Leine. Wir konnten ja nicht wissen, was sich in dem Nebel verbarg. Ich dachte, merkwürdig, der Wald hält den Atem an.

Mittags fuhren Walter und ich ins Krankenhaus. Ganz ruhig lag Toni da. Er wurde beatmet, und nur wenn man genau hinsah, erkannte man, dass seine Brust sich hob und senkte. Seine Augen waren geschlossen und die Hände lagen entspannt neben seinem Körper. Während ich ihn betrachtete, dachte ich an früher. Toni hatte immer eine Kraft gehabt, die mich verblüffte. Alles, was er besaß, hatte er sich ganz allein erarbeitet. Stets hatte er nur aus sich selbst geschöpft, und seine Einfallskraft war nie versiegt. Manchmal dachte ich, er hätte irgendein Geheimnis, eine Art Motor, der ihn antrieb. Toni war immer ein besonderer Mensch gewesen.

Ihn so zu sehen machte mir das Herz schwer.

Schweigend fuhren wir zum Hof zurück. Als wir aus dem Wagen stiegen, klarte der Himmel plötzlich auf. Die Sonne, die bis jetzt keinen Weg durch die Nebelschwaden gefunden hatte, versank als rote Kugel glühend hinter den Baumwipfeln.

»Was für ein Wetter«, sagte ich ungläubig. »Ein schöner Tag, um zu gehen.«

Im Wohnzimmer empfing uns das Blinken des Anrufbeantworters. Als wir das Band abspielten, erklang eine Frauenstimme.

»Hier ist Frau Dr. Schlosser. Es geht um Ihren Freund. Bitte rufen Sie zurück.«

Kurz nachdem wir sein Zimmer verlassen hatten, war Toni gestorben.

Mein Exfreund wollte in seinem Garten begraben sein, in der Nähe der Brunnenanlage, die wir zusammen entworfen hatten. Er wünschte sich einen einfachen Grabstein, einfach, aber groß genug, dass man ihn vom Wohnzimmer aus sah, wenn man durch die Fensterfront nach draußen blickte.

Genau so ist es gekommen.

Manchmal stelle ich mir vor, Toni wäre noch da. Dann führe ich ein stilles Zwiegespräch mit ihm. Er erzählt mir von neuen Plänen – mit der Zeit ist ihm ein bisschen langweilig geworden auf dem stillen Hof im Wald – und ich erzähle ihm von uns. Wie Junior unser Leben umgekrempelt hat und dass er jetzt ein Star ist, wie meine Mutter immer sagt.

Manchmal sprechen wir auch über den Tod. Dann sagt er Dinge wie: »Du weißt ja, ich habe das Leid der ganzen Menschen auf mich genommen, als ich starb. Auch deines.«

Und ich erwidere freundlich: »Ach, Toni, so seh ich das nicht. Du hast die letzte Reise auf dich genommen. Du bist fortgegangen. Aber ich hab es auf mich genommen zu leben.

Ich bin geblieben. Das war ein ziemlicher Kampf, und es hat sich gelohnt. Und was die Menschen angeht – offen gesagt, leiden sie noch immer. Nur habe ich das Gefühl, als würde ich sie heute ein bisschen besser verstehen. Als könnten Junior, Walter und ich ein bisschen helfen.«

Wenn ich feste in die Stille lausche, ist mir manchmal, als hörte ich ihn lachen. »Das freut mich, mein Hübscher.«

Lebenslust

Das neue Jahr brachte Walter, Junior und mir, was wir lange vermisst hatten. Lebenslust. Manchmal dachte ich an Martin Rütters Worte: Als er unseren Bully singen sah, musste er anhalten vor Glück. So ähnlich ging es mir in diesem Frühling. Dieses Gefühl war so stark, dass ich innehalten und es bestaunen wollte.

Endlich holten wir alles nach, was wir versäumt hatten. Wochenendtrips nach Südeuropa, Besuche bei meiner Familie in Luxemburg, eine Schiffsreise über das Mittelmeer. Wann immer uns danach war, setzten wir uns einfach ins Auto und fuhren los – das war wie ein Wunder.

Wir gingen auf Reisen – und dank Junior kam die Welt zu uns ins Wohnzimmer.

Walter und ich saßen in unserer Kölner Wohnung auf der Couch und lasen, was Menschen in Australien, Paris oder Mexiko erlebten. Wir bewunderten Bilder von Möpsen in Monaco, Huskys in Alaska und Bulldoggen in Brasilien. Juniors Seite war wie eine internationale Hundewiese – ein Ort, wo sich Hunde- und Tierliebhaber trafen und einen Augenblick vom Alltag Pause machten.

Rund ein halbes Jahr nach unserem Auftritt in Martin Rütters Silvestersendung trat eine Kölner Journalistin den nächsten Medienboom los. Jasmin Klein machte in »Meine Südstadt« eine Titelstory aus unserer Geschichte. Anders als viele ihrer Kollegen hatte sie keine Berührungsängste mit dem Thema Krebs, und der Erfolg gab ihr recht.

Täglich kamen neue Presseanfragen. Journalisten gaben sich die Klinke in die Hand, und Juniors Schnauze guckte plötzlich von jedem Zeitungsständer herab.

»Mein Hund erschnüffelte meinen Krebs«, titelte die BILD, »Kölner Bulldogge ersingt sich 80 Millionen Klicks«, der EXPRESS. »Lebensretter, Sänger, YouTube-Star«, verkündete der *Kölner Stadt-Anzeiger.*

Walter und ich saßen im Thalys von Paris nach Köln, als uns RTL anrief. Man war über das Internet auf unseren Bully aufmerksam geworden und lud ihn zum Casting ein: Junior würde unter den Bewerbern des diesjährigen »Supertalents« sein.

Was mich in jungen Jahren in London ziemlich Nerven gekostet hatte, meisterte mein kleiner Freund mit links: Junior brillierte beim Vorsingen und kam in die letzte Runde. Die Sendung wurde am 31.Oktober ausgestrahlt – und Junior sang vor über vier Millionen Zuschauern.

Zu diesem Zeitpunkt posteten wir jede Woche einen Clip auf seiner Facebook-Seite. Unser Bully sang Opern, Popsongs und Evergreens. Englisch, französisch, deutsch und spanisch. Seine Fans verehrten ihm Aquarellbilder und T-Shirts, Briefe und Gedichte. Eine lebensgroße Bully-Statue aus Tausenden Büroklammern und ein rotes Superheldencape sind Highlights seiner Sammlung.

Der Superhunde-Umhang erreichte uns in einem wattierten, ordentlich beschrifteten Umschlag. Er war an »Junior, die singende Bulldogge« adressiert. Als ich den Stoff herauszog und glatt strich, wurde ich nachdenklich. Ich begriff, wie wichtig Juniors Geschichte war.

Für seine Fans war mein vierbeiniger Freund, was Fury, Lassie oder Flipper für mich gewesen waren, damals, als ich ein kleiner Junge war und in Luxemburg zur Schule ging. Ein Retter in der Not. Ein unbestechlicher Freund. Jemand, der zu dir steht, wenn du nicht mehr weiterweißt. Dieser Gedanke machte mich glücklich. Er gab mir auch Kraft.

Eine Nachricht aus Frankreich ging mir besonders nahe. Emilie und Marcel fürchteten um das Leben ihres Sohnes. Paul hatte Krebs, und die Chemo machte ihn fertig.

»Unserem Jungen geht die Kraft aus«, schrieben sie. »Wir wissen nicht mehr weiter. Könnt ihr ihm wieder aufhelfen?«

Wir zögerten keinen Augenblick. Ich schnappte mir Junior und Walter holte die Kamera. Dann drückten wir auf den Selbstauslöser.

»Hallo, Paul«, begann ich. »Ich weiß, was du durchmachst. Aber guck uns an. Wenn wir es geschafft haben, schaffst du es locker. Komm schon, gib Gas.«

»Denk an deine Eltern«, bat Walter den Jungen. »An deine Freunde. An alle, die dich lieben. Halt durch, auch für sie.«

Während die Aufnahme lief, lächelte ich, aber danach kamen die Tränen. Das war wie ein Erdrutsch in meinem Inneren. Ich wusste, wie es diesem Jungen ging. Wir taten alles, was in unserer Macht stand – aber war das auch genug? Walter und ich waren keine Internet-Propheten, keine Wunderheiler. Wir hatten nicht mehr zu bieten als unsere eigene Geschichte, unsere Offenheit und unser Mitgefühl.

Als Paul uns antwortete, begriff ich, dass es in diesem Fall genug gewesen war.

»Danke«, schrieb er. »Ihr drei seid meine großen Vorbilder. Ich denke, ich schaffe das.«

Inzwischen wird unser Bully überall erkannt. Man hört immer wieder, dass Promis Sehnsucht danach haben, einmal unerkannt einzukaufen oder ungestört ein Eis zu essen. Junior ist da anders. Wenn eine Gruppe Kinder auf ihn zustürzt oder eine ältere Dame bei seinem Anblick in Entzücken ausbricht, freut er sich. Geduldig posiert er für Gruppenbilder, von jedem Fan lässt er sich streicheln. Nur Walter und ich haben etwas Zeit gebraucht, um uns an den Rummel zu gewöhnen.

Ich erinnere mich noch, wie mich im letzten Sommer ein Bodybuilder in einem Klub ansprach. Walter und ich waren auf einer Riesenparty in Madrid. Auf solchen Veranstaltungen bleiben wir immer in Blickweite. Als Walter sich auf die Toilette verabschiedete, entschied ich mich, im Flur auf ihn zu warten. Ich starrte gedankenverloren vor mich hin, als ein großer, durchtrainierter Typ meine Aufmerksamkeit erregte.

»Komm her!« Er winkte mir mit seiner Riesenpranke. »He, du! Ich will dir was zeigen!«

Zögernd trat ich zu ihm. Entweder kannte er mich aus meinen Go-go-Zeiten, oder er wollte mich anmachen. Beides erschien mir nicht unwahrscheinlich – schließlich war ich wieder ziemlich gut in Shape. Als der Kerl sein Handy zückte, wollte ich auf dem Absatz kehrtmachen. Oh nein, jetzt zeigt er mir Schwanzbilder, dachte ich genervt.

Mit dieser Vermutung lag ich falsch.

Der Typ hatte mich nie tanzen sehen, und er hatte auch nicht vor, mich rumzukriegen.

Als er gefunden hatte, was er suchte, hielt er mir das Display seines Handys hin. Verdutzt erblickte ich meinen vierbeinigen Freund: Junior, hübsch herausgeputzt mit seiner kleinen schwarzen Fliege. Der Bodybuilder hatte ein Bild von meinem Bully abgespeichert.

»Weißt du was?«, wandte er sich jetzt an mich. »Immer wenn ein mieser Tag zu Ende geht, schau ich mir eure Clips an. Dann fühl ich mich besser. Ich bedanke mich dafür.«

Ohne eine Erwiderung abzuwarten, nahm er meine Hand und drückte so fest zu, dass mir die Finger schmerzten. Dann drehte er sich um und ging davon.

Ich stand da wie angewurzelt. So ist das also, wenn dein Bully dir die Schau stiehlt, dachte ich.

Gut war auch die Szene mit dem Opi in der Muckibude. Ich weiß, dass man alte Herrschaften nicht Opa und Oma nennt – aber dieser Mann hatte mit seinem weißen Rauschebart und seinem Old-School-Trainingsanzug mit den weißen Streifen etwas so Rührendes, dass das Wort sofort in meinem Kopf aufblinkte. Während er Klimmzüge machte – ich schwöre, er machte mindestens fünf Klimmzüge, und zwar richtig gut –, guckte er die ganze Zeit zu mir herüber. Na, was willst du?, dachte ich. Noch nie ein Tattoo gesehen?

Wieder lag ich mit meiner Einschätzung ordentlich daneben. Irgendwann fasste sich der Mann ein Herz und kam zu mir herüber, das Handy im Anschlag. »Sie sind doch Manu von der singenden Bulldogge?«, fragte er atemlos. »Meine Enkelin ist Ihr größter Fan … also: Juniors größter Fan.

Dürfte ich ein Foto von uns beiden machen? Sie hat bald Geburtstag!« So kam seine Enkelin in den Genuss eines Fotos mit Manu und Großvater – und natürlich einer kleinen Zugabe: ein Starporträt von Junior.

Walter und ich genießen solche Begegnungen. Wir geben anderen Menschen Hoffnung – und dabei haben wir ziemlich viel Spaß. Es ist die schönste Aufgabe, die ich mir denken kann.

Vor gar nicht allzu langer Zeit waren wir wieder mal zu Gast im Fernsehen: »hundkatzemaus« ist das Haustiermagazin von VOX. Die Reporterin ging der Frage nach, ob Hunde tatsächlich Krebs erschnüffeln können. Interviewt wurde auch Uwe Friedrich, ein Hundetrainer aus der Nähe von Stuttgart, der im Rahmen einer medizinischen Studie Krebsspürhunde ausbildet. Von ihm erfuhren wir, dass Junior bei meiner Erkrankung ein sogenanntes Pflegeverhalten an den Tag gelegt hatte – ein Verhaltensmuster, das bis auf seine grauen Vorväter zurückgeht. War ein Mitglied des Rudels verletzt, leckten die anderen Wölfe die Wunde sauber. Fremdkörper, Geschwulste oder eitriges Wundsekret versuchten sie »herauszuknuffeln«. Mein Hund wollte mich tatsächlich heilen. Friedrichs Erklärung zeigt auch, dass Juniors und meine Geschichte nicht einzigartig ist. Es wohnt wohl in jedem Zwergpinscher noch ein kleiner Wolf …

Lebensretter, Superstar – Junior ist ein Allround-Talent, aber für mich bleibt er zuallererst mein treuester Gefährte. Ein Hund mag deine Kissen zerkauen und deine Wohnung verwüsten, er mag dein Rosenbeet zerstören oder in einem unbemerkten Augenblick den ganzen Sonntagsbraten verputzen. Aber er wird dir nie das Herz brechen.

Junior und mich wird in diesem Leben nichts mehr trennen. Er ist der erste Hund, der bei mir alt wird. Bei uns, um genau zu sein. Bei Walter und mir.

Und damit sind nicht nur wir drei wieder mitten im Leben angekommen – auch diese Geschichte ist an ihrem Ende. Es ist an der Zeit, einen Punkt zu setzen.

Eine letzte Anekdote sei mir gestattet; ich möchte von einer Begegnung in der Kölner Innenstadt erzählen.

Vor ein paar Wochen traf ich Oli P., den Kölner Sänger mit der Samtstimme und dem Herz für Hunde. Wie wir hat Oli einen Bully, und wenn du ihn auf der Straße triffst, hat er immer Leckerlis und ein paar nette Worte übrig.

Als ich ihm diesmal in der Nähe unserer Wohnung über den Weg lief, hatten wir beide ein Anliegen.

»Manu«, rief er freudig, »wie gut, dass ich dich treffe! Ich hab eine Idee!«

»Ach ja? Wie nett – ich wollte dich nämlich auch sprechen!«

»Pass auf: Wie wär's, wenn ihr mit Junior einen meiner Songs einspielen würdet? Vielleicht in eurem Cabrio?«

Seine Worte brachten mich zum Lachen.

»Genau dasselbe wollte ich dir auch vorschlagen. Junior könnte ja dein cooles Grönemeyer-Cover singen: ›Schmetterlinge im Bauch‹!«

Jetzt lachte Oli P.

»Genau dasselbe hab ich auch gedacht. Na ja, nicht ganz. Mein Song heißt: ›Flugzeuge im Bauch‹! Sag das auch Junior.«

An diesem Morgen habe ich mich charmant herausgeredet.

»Oh, entschuldige – das war nur, weil ich immer Schmetterlinge im Bauch habe, wenn ich dich auf der Straße treffe.«

Das war zwar kein übler Spruch, aber er war nicht ganz ernst gemeint. Schmetterlinge im Bauch habe ich dann, wenn ich mit Walter und Junior zusammen bin. Wenn mir leicht ist ums Herz. Und das ist immer häufiger der Fall.

Schmetterlingsleicht.

Und jetzt hab ich wirklich genug erzählt.

Jetzt wird gesungen …